Probability, Decisions and Games:

A Gentle Introduction using R

[美] 阿贝尔·罗德里格斯（Abel Rodríguez）
[美] 布鲁诺·门德斯（Bruno Mendes） 著　　左飞 补彬 译

概率、决策与博弈：

基于R语言介绍

清华大学出版社
北京

图书在版编目(CIP)数据

概率、决策与博弈：基于R语言介绍/(美)阿贝尔·罗德里格斯(Abel Rodríguez)，(美)布鲁诺·门德斯(Bruno Mendes)著；左飞，补彬译. —北京：清华大学出版社，2019
书名原文：Probability，Decisions and Games：A Gentle Introduction using R
ISBN 978-7-302-53072-5

Ⅰ. ①概…　Ⅱ. ①阿…　②布…　③左…　④补…　Ⅲ. ①程序语言—程序设计　Ⅳ. ①TP312

中国版本图书馆 CIP 数据核字(2019)第 103450 号

责任编辑：赵　凯
封面设计：常雪影
责任校对：李建庄
责任印制：李红英

出版发行：清华大学出版社
网　　址：http://www.tup.com.cn，http://www.wqbook.com
地　　址：北京清华大学学研大厦A座　　**邮　　编：**100084
社 总 机：010-62770175　　**邮　　购：**010-62786544
投稿与读者服务：010-62776969，c-service@tup.tsinghua.edu.cn
质量反馈：010-62772015，zhiliang@tup.tsinghua.edu.cn
课件下载：http://www.tup.com.cn，010-83470236
印 装 者：三河市宏图印务有限公司
经　　销：全国新华书店
开　　本：155mm×235mm　　**印　张：**12.75　　**字　数：**203千字
版　　次：2019年11月第1版　　**印　次：**2019年11月第1次印刷
定　　价：69.00元

产品编号：080482-01

译者序

游戏、概率和决策，是本书涉及的三个概念。最早的游戏可以追溯到公元前2600多年，例如：埃及的塞尼特棋（Senet）以及两河流域的乌尔皇家游戏（Royal Game of Ur）；我国的围棋相传也可追溯到尧舜的上古时代。时至今日，除了传统的棋牌游戏以外，更是发展出了各种绚烂而复杂的电子游戏（例如《文明》《英雄联盟》等）。大到当今动辄十几吉字节大小的网络游戏，小到石头-剪刀-布，游戏一直伴随着人类文明的发展而演变，但游戏这个宝藏所蕴含的趣味和思考却传承至今。概率和博弈正是打开这个宝藏的钥匙。

概率，其实就是不确定性，大致分为两种。一种是事件太过复杂，难以穷究所有变化的情况。此时，人们使用概率作为一种简化手段。例如：随手丢一枚骰子，哪一面朝上？如果能够获取这个事件的所有信息，如掷骰子的力度和方向、空气的阻力、桌面的摩擦力、骰子的弹性等，那么我们是能够计算出哪一面朝上的。只是太过复杂了，所以我们假设均匀情况下每一面出现的概率是一样的。另一种是事件本身就具备不确定性，难以准确衡量的情况。此时，人们用概率描述这种不确定性。例如：物理学中的不确定性原理（uncertainty principle）讲无法同时获取一个粒子的位置和速度。所以，人们用“概率云”描述微观粒子的运动。游戏正是这样一种复杂且具备不确定性因素的事件，人与人之间的对抗游戏更是如此。因此，我们需要借助概率的手段来学习和认识这一切。

事实上，已经有许多书籍系统且详尽地介绍过概率论和博弈论相关的知识。不过，这些书籍大都过于公理化，数学公式堆积，因此也难免显得较为枯燥难懂。常常出现的情形就是“考完试就忘了”。为考试而学的知识，离开考试还能剩下多少呢？

我们并非想要抛开数学谈概率和博弈，毕竟数学是最为客观和理性的语言，丢掉数学也就丢掉了这两门学科的灵魂。但是我们认为，除了单一的“掷骰子”实验以外，概率和博弈还有更为广泛且生动的应用场景。

本书在这一方面就做出了新的尝试，以轮盘赌、乐透、花旗骰、二十一点、扑克、石头-剪刀-布（rock-paper-scissors）、井字棋（tic-tac-toe）等大家耳熟能详的游戏为切入点，深入浅出地讲述了概率和博弈的基本概念（如大数定律、公允价值、纳什均衡、零和博弈等）。此外，作者还引入了R语言，用以模拟上述游戏的过程，更为直观地展示了游戏背后的科学原理。

最后，希望大家从本书中能有所收获。

左飞　补彬

2019年8月于上海

前　言

游戏是人类经验的普遍组成部分,它几乎出现在每一种文化中。已知的最早的游戏(例如埃及的塞尼特棋(Senet),或者伊拉克的乌尔皇家游戏(Royal Game of Ur))至少可以追溯到公元前 2600 年。游戏由一系列控制玩家行为的规则和玩家所面临的挑战刻画,涉及金钱或非金钱形式的赌注。事实上,游戏的历史和赌博的历史是难以分割的。它们在当代社会的发展中发挥着十分重要的作用。

游戏在当代数学方法的发展中也扮演着很重要的角色。它们提供自然框架来介绍在现实问题中有着非常广泛应用的简单概念。从用于分析的数学工具的角度,游戏大体上可以被分为随机游戏(random games)和策略游戏(strategic games)。随机游戏让玩家和"自然"这个非智能且行为无法被准确预测的对手竞争。轮盘赌(roulette)就是随机游戏的一个非常典型的例子。另一方面,策略游戏则是让两个或更多的具有智能的玩家互相对抗;挑战之处在于单个玩家需要以智取胜,击败他们的对手。根据玩家采取行动的顺序,策略游戏可以进一步分为同时性(simultaneous)游戏(例如石头-剪刀-布)和顺序性(sequential)游戏(例如国际象棋、井字棋)。然而,这些类别的游戏并非是互斥的;大多数当代的游戏同时涉及随机游戏和策略游戏的一些方面。举个例子,扑克牌就吸收了随机游戏的元素(牌的发放是随机的)以及策略游戏的特点(下注是轮流的,并且"虚张声势",甚至可以让你以一手比对手更烂的牌获得胜利)。

游戏的数学分析背后的一个重要概念就是"理性假设"(rationality assumption),即假设玩家确实想赢得游戏并且会采取"最优"(或"理性的")的步骤来实现这一想法。基于这些前置条件,我们可以假设一个关于如何进行决策的理论,这需要依赖于效用函数(utility function)的最大化(通常但并非总是和玩游戏所能获得的金钱总量相关)。玩家尝试根据任何时间所能获得的信息来最大化他们自己的效用。在随机游戏中,这涉及在不确定性下进行决策，也就十分自然地通向了概率的研究。事实上，正式的概率研究诞生于 17 世纪，源自于一个顽固不化的赌徒(Antoine Gambaud，也称为 Chevalier de Méré)提出的一系列问题。由于在某些骰子游戏中不正确地评估了自己的获胜概率，De Méré 遭受了重大的经济损失。与那个时代寻常赌徒不同的是，在帕斯卡(Blaise Pascal)的帮助下 de Méré 找到了错误的原因，这反过来促使了帕斯卡和费马(Pierre de Fermat)的沟通从而引起了概率理论的发展。

决策理论(decision theory)在策略游戏中同样发挥着非常重要的作用。在此场景下，"最优"意味着评估其他玩家可能的选择然后找到对应的"最佳响应"。这通常被理解为损失最小化，但是这两个概念不一定完全一样。事实上，一个来自博弈论(game theory，研究策略游戏的数学领域)的重要认知显示零和博弈(zero-sum games，即博弈各方收益和损失相加之和为零)和非零和博弈的最优策略可能非常不同。值得一提的是，即使是在纯粹的策略游戏中，随机性也发挥着某些作用。一个非常棒的例子就是"石头-剪刀-布"。理论上，这个游戏的规则中并没有内在的随机性。然而，对于任意玩家而言，最优策略就是随机均匀地从三种可能的行动中选择他(或她)的行动。正是这三种选择造就了这个游戏的名称。

游戏和赌博分析背后的数学概念在所有的科学领域都有着实际的应用。以游戏"黑杰克"(blackjack，即二十一点)为例，你需要顺序地决定是否拿牌(即获得额外的一张牌)，停牌(不再接收牌)，或者在合适的时候，加倍下注、分牌或投降。最佳的玩法意味着决策时不只需要考虑自己手中的牌，同样需要考虑庄家和其他玩家展示出来的牌。在医疗场景下，相似的问题发生在诊断和治疗中。医生拥有一系列的诊断测试以及治疗选项，病人后续的治疗决策需要根据当前病人和其他病人以前的测试和治疗结果，顺序地做出。扑克牌提供了另一个有趣的例子。任何经验丰富的玩家都可以证实，虚张声势是这个游戏最为重要的组成部分之一。扑克牌中虚张声势的"最优技巧"，同样可以用于设计一个允许拍卖商攫取竞拍者最高出价的拍卖。这些策略被谷歌(Google)和雅虎(Yahoo)之类的公司用于分配广告位。

本书的目标是使用游戏介绍概率、统计、决策论和博弈论的基本概念。本教材适用于学习过线性代数或者线性代数先修课程的本科生的通识教育课程。根据我们的经验，学习过线性代数的、有积极性的高中生同样可以使用本教材。

本书共 13 章，大约一半的章节使用多种多样的游戏集中阐述基本概念，剩余的一半则专注于众所周知的赌场游戏(casino games)。更具体地说，前两章主要简单讨论在有限离散空间中的效用和概率理论。然后，我们将移步讨论5个非常流行的赌场游戏：轮盘赌(roulette)、乐透(lotto)、花旗骰(craps)、二十一点(blackjack)和扑克牌(poker)。轮盘赌不论是玩还是分析都是最简单的赌场游戏之一，它被用来说明概率的基本概念，如期望值。乐透被用来诱导计数规则以及排列和组合数的概念，这些概念允许我们在大的等概率空间(equiprobable spaces)中计算概率。花旗骰和二十一点则用于阐述和推导条件概率。最后，对扑克牌的讨论有助于说明前几章中有多少观点是合二为一的。最后4章专注于博弈论和策略游戏。因为这本书是为了支持通识教育课程，所以我们将注意力集中在同时且顺序的完备信息(perfect information)游戏中，并避免不完备信息的游戏。

本书使用计算机模拟来阐述复杂的概念并且让学生们相信书中的计算是正确的。计算机模拟已经成为许多科学研究领域的关键工具。我们相信，让学生们体验计算能力获取的简单化，在过去的25年里如何改变科学是非常重要的。在这本书的编写过程中，我们使用电子表格进行过实验，但发现它们没有提供足够的灵活性。最终，我们决定使用R(https://www.r-project.org)。R是一个允许用户轻松实现简单模拟的交互式环境(即使用户只有有限的编程经验)。为了便于使用，我们在附录A中给出R的概述和介绍，并且在介绍与示例相关的语言特性时在每一章增加了侧边栏内容。连同一些其他的内容介绍，本书可以作为概率/统计和编程课程的入门读物。读者也可以在阅读本书时忽略其中的R指令，只关注指令产生的图和其他输出内容。

我们为本书的内容配上了历史频道Breaking Vegas系列电影的截屏。我们发现电影Beat the Wheel, Roulette Attack, Dice Dominator和Professor Blackjack (每一部大约45分钟)，非常适合本书。这些电影有助于解释游戏规则和提供基本概念(如大数定律)的趣味性阐述。

阿贝尔·罗德里格斯，布鲁诺·门德斯

2017年11月于圣克鲁斯，加利福尼亚州

目　录

第1章　概率介绍

概率的研究始于17世纪，当 Antoine Gambaud(其自称 Chevalier de Méré)就其赌博失利的原因向法国数学家布莱士·帕斯卡(Blaise Pascal)求助之时。De Méré 通常会打赌，当他掷出4个6面骰子时至少可以得到一个一点。他也经常靠此赢钱。当这个游戏开始过气的时候，他开始打赌掷24次双骰子至少能得到一次两个一点。突然，他开始输钱了！

De Méré 很吃惊，他认为掷两次骰子获得两个一点的概率是1/6，和掷一次骰子得到一个一点的概率一致。为了弥补这个低概率，两个骰子应该被掷6次。最终，为了获得掷4次骰子得到一个一点的概率，掷骰子的次数应该增加4倍(到24)。因此，你会期望在24次双骰子投掷中得到一次两个一点和投掷4次单骰子得到一个一点的频率一致。正如你将马上看到的，尽管最开始的陈述是正确的，但是剩下的论述却并非如此。

1.1　什么是概率

让我们先来建立一些共同的语言。就我们的目的而言，实验指结果不能必然被准确预测的任何行为。简单的例子包括掷骰子，以及从洗好的牌堆中抽牌。一次实验的结果空间是本次实验所有可能结果的集合。在掷骰子的例子中，结果空间就是{1,2,3,4,5,6}；至于抽牌的例子，结果空间拥有由13个数字(A,2,3,4,5,6,7,8,9,10,J,Q,K)和4种花色(红桃，方块，梅花，黑桃)组合成的52种结果：

{A♡,2♡,3♡,4♡,5♡,6♡,7♡,8♡,9♡,10♡,J♡,Q♡,K♡,
A♣,2♣,3♣,4♣,5♣,6♣,7♣,8♣,9♣,10♣,J♣,Q♣,K♣,
A♢,2♢,3♢,4♢,5♢,6♢,7♢,8♢,9♢,10♢,J♢,Q♢,K♢,
A♠,2♠,3♠,4♠,5♠,6♠,7♠,8♠,9♠,10♠,J♠,Q♠,K♠}

概率是0～1之间的数字，被我们附着于结果空间中的每一个元素。这个数字简单地描述了对应结果发生的机会。概率1意味着这个事件一定会发生；概率0则代表我们在谈论一件不可能发生的事；至于中间的数字则代表了事件发生的不同确信程度。之后，我们将使用大写字母指代事件，例如：

$$A=\{\text{明天会下雨}\}$$

$$B=\{\text{下一次掷骰子的结果会是 }6\}$$

而与事件相关联的概率则由$P(A)$和$P(B)$代表。根据定义，结果空间中至少一个事件发生的概率为1，因此与每个结果相关的概率之和也必须等于1。另一方面，事件未发生的概率仅仅是事件发生概率的补充，即

$$P(A)=1-P(\overline{A})$$

其中，$\overline{A}$应理解为“A未发生”或“非A”。举个例子，如果$A=\{$明天会下雨$\}$，那么$\overline{A}=\{$明天不会下雨$\}$。

有许多解释概率的方式。直观地，几乎每个人都能理解事物发生的可能性的概念。例如，每个人都会同意“明天不太可能下雨”或“洛杉矶湖人队很有可能赢得下一场比赛”这样的陈述的含义。当我们试图更精确和量化（即数字化）事件发生的可能性时，问题就出现了。数学家通常使用两种不同的概率解释，通常称为频率（frequentist）和主观（subjective）解释。

频率解释用于问题中实验可以根据需要多次重复的情形。于我们而言，相关的例子包括掷骰子、从洗好的牌堆中抽牌，或者是旋转轮盘赌。在这种情况下，我们可以考虑重复非常多次（记作n次）实验，然后记录有多少次结果为A（记作z_A）。事件A的概率可以通过考虑比例z_A/n（有时称作经验频率）随n的变化来定义。

举个例子，令$A=\{$抛一次硬币头像朝上$\}$。通常，我们赋予这个事件的概率是1/2，即，令$P(A)=1/2$。这通常是基于对称性而论证的：没有明显的理由解释为什么普通硬币的一面比另一面更有可能出现。由于你可以根据需要多次抛硬币，因此可以使用概率的频率来解释值1/2。

因为手动抛硬币非常耗时，我们使用计算机模拟抛一枚硬币5000次并使用以下R代码绘制出现头像的累积经验频率（有关如何在R中模拟随机结果，参见侧边栏1.1；输出可见图1.1）。

侧边栏 1.1　R 中的随机采样

R 提供易于使用的函数来模拟随机实验的结果。当涉及离散结果空间(例如大多数赌场和桌面游戏中出现的结果空间)时,函数 sample()特别有用。sample()的第一个参数是一个向量,其条目对应于结果空间的元素,第二个是我们有兴趣采集的样本数,第三个参数表示是否进行有放回的采样(现在我们只进行有放回的采样)。

举个例子,假设你想多次抛一枚平衡的硬币(即,正面和反面出现概率相同的硬币):

```
> outspc = c("Heads", "Tails")              #结果空间
> z = sample(outspc, 20, replace = TRUE)    #抛 20 次
> z

   [1] "Tails" "Heads" "Tails" "Tails" "Tails" "Tails" "Heads"
   [8] "Heads" "Tails" "Tails" "Tails" "Heads" "Heads" "Heads"
  [15] "Heads" "Tails" "Tails" "Tails" "Heads" "Tails"
```

相似地,如果我们想掷一个 6 面骰子 15 次:

```
> outspc = seq(1, 6)
> z = sample(outspc, 15, replace = TRUE)
> z

   [1] 5 2 5 4 2 1 1 2 3 1 6 5 2 6 3
```

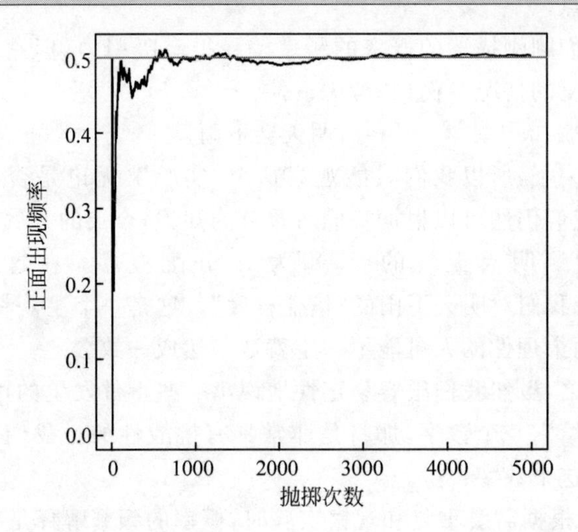

图 1.1　模拟抛掷一枚公平硬币 5000 次,出现正面的累积经验频率(黑实线)。灰色的水平直线对应真实概率 1/2

```
> n = 5000
> outc = sample(c("Head","Tail"), n, replace = T)
> z = cumsum(outc == "Head")/seq(1,n)
> plot(z, xlab = "Flips", ylab = "Frequency of Heads",type = "l")
> abline(h = 0.5, col = "grey")
```

请注意,经验频率会发生波动,特别是当你抛硬币仅仅几次时。然而,随着抛的次数(我们的公式中的 n)越来越大,经验频率越来越接近"真实"概率 1/2,并且在它周围波动越来越小。

经验频率向事件真实概率的收敛,符合大数定律(law of large numbers)。

概率的大数定律

令 z_n 表示事件 A 在 n 次相同的重复实验中发生的次数,并令 $P(A)$ 表示事件 A 的概率,那么当 n 增大时,z_n/n 趋近于 $P(A)$。

这个版本的大数定律意味着,无论非零概率事件多么罕见,如果你尝试了足够多次,你最终会观察到它。除了为概率概念提供理由之外,大数定律还提供了一种通过多次重复实验并计算与之相关的经验频率来计算复杂事件概率的方法。之后,我们将通过使用计算机(就像我们之前在简单的抛硬币示例中所做的那样)而不是通过物理地掷骰子或从牌堆抽牌来实现这一点。

尽管我们刚刚描述的概率的频率解释很有吸引力,但它不能应用于实验不能重复的情况。例如,考虑事件

$$A=\{明天会下雨\}$$

明天只会有一个,所以我们只能观察这个"实验"(无论是否下雨)一次。尽管如此,我们仍然可以根据我们对季节的知识,今天的天气以及我们往常基于此推测明天天气的经验,为 A 分配概率。在这种情况下,$P(A)$ 对应于我们对明天下雨的"信任程度"。这是一个主观概率,在某种意义上说,两个理性的人可能不一定就数字达成一致。

总而言之,虽然我们很容易定性地说出一些事件发生的可能性,但如果我们试图给它一个数字,那将是非常具有挑战性的。我们可以通过几种方式考虑这个数字:

- 可以根据需要重复和观察实验时,概率的频繁解释是有用的。
- 概率的主观解释,在几乎任何我们可以判断事件发生可能性的概率实验中都很有用,即使实验不能重复。

1.2　发生比和概率

在赌场,通常使用发生比(odds)的形式表达事件的概率(要么是有利要么是不利)。事件 A 的有利发生比(odds in favor)就是事件发生的概率除以事件未发生的概率,即

$$A\text{ 的有利发生比} = \frac{P(A)}{1-P(A)}$$

相似地,事件 A 的不利发生比(odds against)就是有利发生比的倒数,即

$$A\text{ 的不利发生比} = \frac{1}{A\text{ 的有利发生比}} = \frac{1-P(A)}{P(A)}$$

发生比通常表示为整数的比率。例如,经常会听到美国轮盘赌中任何给定数字的有利发生比为 1∶37。注意,你可以通过以下公式根据事件 A 的有利发生比还原出 $P(A)$:

$$P(A) = \frac{A\text{ 的有利发生比}}{1 + A\text{ 的有利发生比}}$$

在赌场的环境中,刚才讨论的发生比有时称为获胜发生比(winning odds)或失败发生比(losing odds)。在这个场景中,有时候同样可以听到一些关于回报发生比(payoff odds)的事情。这有点用词不当,因为它们代表了回报的比率,而不是概率的比率。

$$A\text{ 的有利回报发生比} = \frac{A\text{ 发生的回报}}{A\text{ 不发生的回报}}$$

举个例子,美国轮盘赌中某个数字的获胜发生比是 1∶37,但是同一个数字的回报发生比只有 1∶35(这意味着,如果你赢了,那么你打赌的每一美元都将带回 35 美元的收益)。这种区别很重要,因为赌场中展示的许多发生比都是指这些回报发生比而非获胜发生比。牢记这一点!

1.3　等概率结果空间和 De Méré 的问题

在许多问题中,可以使用对称参数来为简单事件的概率提出合理的值。例如,考虑一个非常简单的实验,投掷一个完美的六面(立方)骰子。

这种类型的骰子的侧面通常标有数字 1～6。可以询问特定数字(例如 3)出现在顶部的概率。因为 6 个面是唯一可能的结果(我们忽略了骰子停在边缘或顶点上的可能性!)并且它们相互对称,所以没有理由认为一面比另一面更可能出现。因此,很自然地将 1/6 的概率分配给骰子的每一侧。

假设所有结果具有相同概率的结果空间(例如与六面骰子滚动相关联的结果空间)称为等概率空间。在等概率空间中,不同事件的概率可以使用一个简单的公式计算:

$$P(A)=\frac{\text{事件 } A \text{ 相一致的结果的数量}}{\text{可能出现的结果的总数}}$$

注意大数定律和概率的频率解释的相似性。

尽管等概率空间的概念非常简单,但在应用公式时需要注意一些事项。让我们回到 Chevalier de Méré 的困境吧。回想一下,De Méré 通常会打赌他在掷出 4 个(公平的)6 面骰子时可以得到至少一个一点,并且他会经常在这个赌注上赚钱。为了让比赛变得更有趣,他开始押注在 24 轮投掷两个骰子中至少可以获得一次两个一,之后他就开始赔钱了。

在详细分析 De Méré 的赌注之前,考虑与投掷两个骰子相关的结果空间。在单骰子情况的对称论述同样适用于双骰子,因此将这个结果空间视为等概率是很自然的。但是,可以通过两种方式构建结果空间,这取决于考虑骰子的顺序是否相关(见表 1.1)。第一种方式得出的结论是,获得一次两个一点的概率为 1/21≈0.047 619,而第二种方式的概率为 1/36≈0.027 778。问题是,哪一个是正确的?

表 1.1　两种不同的方式思考掷两个骰子相关的结果空间

顺序不相关 总共 21 个结果						顺序相关 总共 36 个结果					
1-1	2-2	3-3	4-4	5-5	6-6	1-1	2-1	3-1	4-1	5-1	6-1
1-2	2-3	3-4	4-5	5-6		1-2	2-2	3-2	4-2	5-2	6-2
1-3	2-4	3-5	4-6			1-3	2-3	3-3	4-3	5-3	6-3
1-4	2-5	3-6				1-4	2-4	3-4	4-4	5-4	6-4
1-5	2-6					1-5	2-5	3-5	4-5	5-5	6-5
1-6						1-6	2-6	3-6	4-6	5-6	6-6

为了获得一些直觉认识,在 R 中运行另一个模拟,其中两个骰子每个滚动 100 000 次。

```
> n = 100000
> die1 = sample(seq(1,6), n, replace = T)
> die2 = sample(seq(1,6), n, replace = T)
> sum(die1 == 1 & die2 == 1)/n

[1] 0.02765
```

模拟的结果非常接近 1/36，这表明这是正确的答案。通过将骰子视为顺序滚动而不是同时滚动，可以构造一个正式的论述。因为第一次投掷存在 6 种可能，第二次投掷同样存在 6 种可能，因此总共有 36 种组合结果。由于这 36 个结果中只有 1 个对应于两个一点的结果，因此通过等概率空间中的事件概率公式，可以推导出两个一点的概率为 1/36。这个结果的基础是一个简单的原则，称为计数的乘法原理(multiplication principle of counting)。

计数的乘法原理

如果事件 $A,B,C,\cdots$ 能够分别以 $n_a,n_b,n_c,\cdots$ 种方式发生，那么它们能够以 $n_a \times n_b \times n_c \times \cdots$ 种方式同时发生。

现在，回到 De Méré 的问题，并使用乘法规则分别计算在他的两个投注中获胜的概率。在这种情况下，首先计算失败的概率更容易，因为平局是不可能的，那么获胜的概率为

$$P(\text{获胜}) = 1 - P(\text{失败})$$

对于第一次下注，乘法规则意味着当我们滚动 4 个六面骰子时总共有 $6\times6\times6\times6=6^4=1296$ 种可能的结果。如果我们足够耐心，可以列出所有可能性：

1,1,1,1

1,1,2,2

1,1,1,3

1,1,1,4

1,1,1,5

1,1,1,6

1,1,2,1

⋮

另一方面，因为对于每个单独的骰子，有五个结果不是一点，所以共

有 $5^4=625$ 个结果，De Méré 会输掉赌注。同样，可以列举这些结果：

$$
\begin{gathered}
2,2,2,2\\
2,2,2,3\\
2,2,2,4\\
2,2,2,5\\
2,2,2,6\\
2,2,3,2\\
\vdots
\end{gathered}
$$

因此，De Méré 赢得赌注的概率为

$$P(\text{赢得第一次赌注})=1-\frac{625}{1296}=\frac{671}{1296}=0.517\,75$$

可以通过简单模拟 100 000 次游戏来证实这一结果：

```
> n = 100000
> die1 = sample(seq(1,6), n, replace = T)
> die2 = sample(seq(1,6), n, replace = T)
> die3 = sample(seq(1,6), n, replace = T)
> die4 = sample(seq(1,6), n, replace = T)
> sum(die1 == 1|die2 == 1|die3 == 1|die4 == 1)/n

[1] 0.51961
```

对于第二次下注，可以以类似的方式进行。正如之前讨论的那样，当你掷出 2 个六面骰子时，有 36 个等概率结果，其中 35 个不利于下注。因此，当两个骰子一起滚动 24 次时有 36^{24} 种可能的结果，其中 35^{24} 种对玩家不利，并且赢得此次下注的概率等于：

$$P(\text{赢得第二次赌注})=1-\frac{35^{24}}{36^{24}}=\frac{36^{24}-35^{24}}{36^{24}}\approx 0.491\,40$$

同样，可以使用模拟程序验证计算结果：

```
> n = 100000
> outc = seq(1,6)
> numsneakeye = rep(0,n)
> for(i in 1:n){
+ die1 = sample(outc,24,replace = T)
+ die2 = sample(outc,24,replace = T)
+ numsneakeye[i] = sum(die1 == 1 & die2 == 1)
+ + }
> sum(numsneakeye > = 1)/n

[1] 0.49067
```

获胜概率小于0.5的事实解释了为什么De Méré赔钱了！但请注意，如果他使用了25次投掷代替24次，那么获胜的概率是$\frac{36^{25}-35^{25}}{36^{25}}\approx$ 0.505 53，这将让它成为De Méré的胜利赌注(但不如原来的那么好!)。

1.4　复合事件的概率

复合事件是通过聚合两个或多个简单事件创建的事件。例如，可能想知道轮盘赌选择的数字是黑色或者偶数的概率是多少，或者从牌堆中抽到黑桃数字的概率是多少？

如上面的例子所示，我们特别感兴趣的是用两种类型的操作来组合事件。一方面，两个事件A和B的并集(由$A\cup B$表示)，对应于当A或者B发生时发生的事件；另一方面，两个事件的交集(由$A\cap B$表示)对应于仅在A和B同时发生时才发生的事件。这些操作的结果可以使用维恩图(参见图1.2)以图形方式表示，其中简单事件A和B对应于矩形。在图1.2(a)中，两个矩形区域的组合对应于事件的并集。在图1.2(b)中，阴影区域对应于两个事件的交集。两个事件的交集概率有时称为两

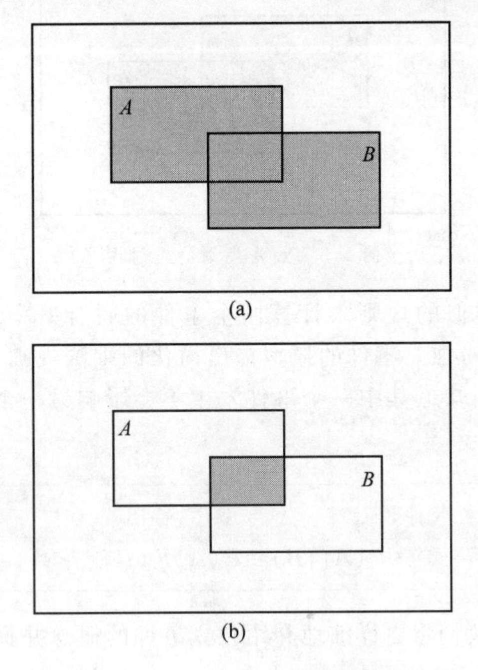

图1.2　两个事件的维恩图

(a) 并集；(b) 交集

个事件的联合概率。在该联合概率为零的情况下(即,两个事件不能同时发生),我们说事件是不相交的或互斥的。

在许多情况下,通过仔细计算有利情况,可以直接从样本空间计算复合事件的概率。但是,在其他情况下,更容易从更简单的事件计算它们。正如两个事件一起发生的概率存在规则一样,对于两个可选择事件(例如,在掷骰子时获得偶数或2的概率)存在第二个规则,有时称为概率的加法规则:

> 对两个事件,
> $$P(A\cup B)=P(A)+P(B)-P(A\cap B)$$

图1.3使用维恩图显示了两个事件的图形表示;它为公式采用这种形式提供了一些提示。如果简单地将 $P(A)$ 和 $P(B)$ 相加,则将灰度较深区域(对应于 $P(A\cap B)$)计算了两次。因此,我们需要减去一次才能得到正确的结果。如果两个事件是互斥的(即,它们不能同时发生,这意味着 $P(A\cap B)=0$),则该公式简化为 $P(A\cup B)=P(A)+P(B)$。

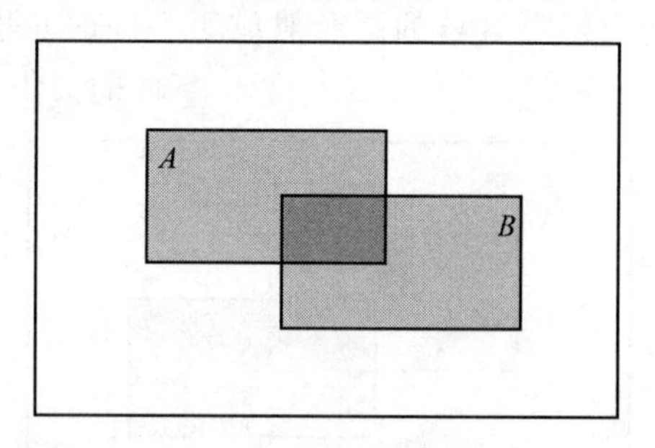

图1.3 加法规则的维恩图

可以构造类似的规则来计算两个事件的联合概率 $P(A\cap B)$。目前,我们只会针对独立事件的概率提出简化的乘法规则。粗略地说,这个规则适用于当知道其中一个事件发生不会影响另一个事件发生的概率时。

> 对任意两个独立事件,
> $$P(A\cap B)=P(A)P(B)$$

在第5章,我们将更详细地介绍独立事件的概念并提出计算联合概率的更一般的规则。

1.5 习题

1. 一个男人有 20 件衬衫和 10 条领带。他可以有多少种不同的衬衫和领带组合？

2. 如果你有 5 条不同的裤子、12 件不同的衬衫和 3 双鞋子，你可以不同装扮多少天？

3. 一个公平的六面骰子被投掷 1 000 000 次，结果为 1 或 5 的投掷的数量记为 $x_{1,5}$。根据大数定律，你期望看到的 $x_{1,5}$ 的近似值是多少？

4. 网站要求用户选择 8 个字母的用户名（只允许使用字母字符，并且不区分小写和大写字母）。该网站能够有多少个不同的用户名？

5. 提供两个实验的例子，其结果的概率只能从主观的角度来解释。对每一个实验，证明你的选择是正确的，并提供这种概率的值。

6. 13 名学生排队的方式有多少种？

7. 使用概率的加法规则重写以下概率：P（在投掷一个六面骰子时获得 5 或 6）。

8. 使用概率的加法规则重写下面的概率：P（在投掷两个六面骰子时获得的总和为 5 或偶数）。

9. 使用互补事件的概率规则重写以下概率：P（在投掷一个六面骰子时获得至少 2）。

10. 使用互补事件的概率规则重写以下概率：P（投掷一个六面骰子时最多获得 5）。

11. 考虑投掷一个六面骰子。哪个概率规则可以应用于以下概率：P（获得高于 2 的数字或小于 5 的数字）。

12. 抛硬币 3 次时获得至少两次正面的概率是多少？你的推理中使用了哪个概率规则？

13. 解释下面每个论点错在哪。

(a) 第一个论点

- 掷 1 次一个六面骰子，我有 1/6 的机会获得一点。
- 因此掷 4 次骰子，我有 $4\times\frac{1}{6}=\frac{2}{3}$ 的机会获得至少一个一点。

(b) 第二个论点

- 掷 1 次两个六面骰子，我有 1/36 的机会得到两个一点。
- 因此掷 24 次骰子，我有 $24\times\frac{1}{36}=\frac{2}{3}$ 的机会获得至少两个一点。

14. 在一组 30 人中,至少有两个人生日相同的概率是多少。提示:首先计算没有两个人生日相同的概率。

15. [R] 编写一个模拟程序,来估计上一个问题的概率。

16. [R] 修改 De Méré 第二次投注的代码,以验证如果涉及 25 次掷骰而不是 24 次,那么你将获胜。

第 2 章　期望和公允价值

假设给你提供以下赌局：支付 1 美元，然后抛硬币。如果硬币反面朝上，你就输掉赌注。另一方面，如果正面朝上，你就可以获得 50 美分的利润。你会接受吗?

你的直觉可能告诉你这个赌局是不公平的，你不应该接受它。事实上，从长远来看，你可能会损失的金额超过你可能赚的钱(因为你损失的每一美元，你只会获利 50 美分，而输赢则具有相同的概率)。数学期望的概念允许我们将这种观察推广到更复杂的问题，并正式定义公平游戏是什么。

2.1　随机变量

考虑一个数值结果为 $x_1,x_2,\cdots,x_n$ 的实验。将这种类型的实验结果称为随机变量，并用大写字母表示它，例如 X。在游戏和投注的例子中，经常出现两种相关类型的数值结果。首先，考虑投注的支付(payout)，这在前一章中已经简要讨论过。

> 投注的支付是在游戏的每个可能结果下奖励给玩家的金额。

支付是关于玩家在玩游戏后获得的东西，它并没有考虑玩家进入游戏时需要支付的金额。另一个解决此问题的结果是投注的利润。

> 投注的利润是玩家财富的净变化，该变化是由游戏的每个可能结果造成的，并且被定义为支付减去进入成本。
>
> 利润＝支付－进入成本

请注意，虽然所有支付通常都是非负的，但利润可以是正数或负数。例如，考虑本章开头提供的赌局。可以定义随机变量

$$X=\{投注的支付\}$$

正如之前讨论的那样，这个随机变量表示玩家在玩游戏后获得的金额。因此，支付只有两个可能的结果 $x_1=0$ 和 $x_2=1.5$，相关概率 $P(X=0)=0.5$ 和 $P(X=1.5)=0.5$。或者，可以定义随机变量

$$Y=\{\text{投注的利润}\}$$

代表玩家的净收益。由于进入游戏的价格是1美元，随机变量 Y 有可能的结果 $y_1=-1$（如果玩家输了游戏）和 $y_2=0.5$（当玩家赢得游戏时），并且相关概率 $P(Y=-1)=0.5$，并且 $P(Y=0.5)=0.5$。

2.2 期望值

为了评估投注，希望找到一种方法，将不同的结果和概率汇总到一个数字中。随机变量的期望值（或期待的值）允许我们这样做。

> 具有结果 $x_1,x_2,\cdots,x_n$ 的随机变量 X 的期望，是结果的加权平均值，权重由每个结果的概率给出：
>
> $$E(X)=x_1P(X=x_1)+x_2P(X=x_2)+\cdots+x_nP(X=x_n)$$

例如，我们初始赌局的预期支付是：

$$E(X)=\underbrace{(0)}_{x_1}\times\underbrace{(0.5)}_{P(X=x_1)}+\underbrace{(1.5)}_{x_2}\times\underbrace{(0.5)}_{P(X=x_2)}=0.75$$

另一方面，该下注的期望利润是 $E(Y)=(-1)\times0.5+0.5\times0.5=-0.25$。

侧边栏 2.1　有关 R 中随机抽样的更多内容

在第1章，使用函数 sample()仅模拟等概率空间中的结果（即所有结果具有相同概率的空间）。但是，sample()也可用于从非等概率空间中进行采样，只需包含一个 prob 选项。例如，假设你正在玩一个能以2/3的概率获胜，以1/12的概率打平，以1/4的概率输掉（注意 2/3+1/12+1/4=1 正如我们所期望的那样）的游戏。为了模拟重复玩这个游戏10 000次的结果，使用如下代码

```
> n = 10000
> outsp = c("Win","Tie","Lose")
> x = sample(outsp, n, replace = T, prob = c(2/3,1/12,1/4))
> sum(x == "Win")        #模拟中胜利的次数

[1] 6589
```

在 prob 选项之后的向量需要具有与结果数量相同的长度，并给出与它们中的每一个相关联的概率。如果未提供选项 prob（如第 1 章所述），则 sample()假定所有概率都相等。于是

```
> x = sample(c("H","T"), n, replace = T, prob = c(1/2,1/2))
```

和

```
> x = sample(c("H","T"), n, replace = T)
```

是等价的。

可以将期望值视为实验的长期“平均”或“代表性”结果。例如，$E(X)=0.75$ 的事实意味着，如果你多次玩游戏，那么你支付的每一美元，只能拿回大约 75 美分（或者，如果你从 1000 美元开始，那么，你最终可能在一天结束时只剩下大约 750 美元）。类似地，$E(Y)=-0.25$ 这一事实意味着，每下注 1000 美元，预计会损失 250 美元（你会输因为期望值为负数）。这种解释再次受到大数定律的证明：

期望的大数定律（平均定律）

令 $\bar{x}_n=\frac{1}{n}(x_1+x_2+\cdots+x_n)$ 代表具有期望 $E(X)$ 的随机变量 X 的 n 次重复实验的平均结果，那么随着 n 的增长，$\bar{x}_n$ 趋近于 $E(X)$。

以下 R 代码模拟并绘制了 5000 次赌局的结果，可用于可视化与原始赌局相关的利润的运行平均值如何趋近期望值（见图 2.1）：

```
> n = 5000
> outcspace = c("Win","Lose")
> res = sample(outcspace, n, replace = T)
> profit = - 1 * (res == "Lose") + 0.5 * (res == "Win")
> runningav = cumsum(profit)/seq(1,n)
> plot(runningav, xlab = "Tries", ylab = "Profit", type = "l")
> abline(h = - 0.25, col = "grey")
```

随机变量的期望具有一些灵活的属性，将来会有用。尤其是，

如果 X 和 Y 是随机变量，且 a，b 和 c 是三个常数（非随机值），那么

$$E(aX+bY+c)=aE(x)+bE(Y)+c$$

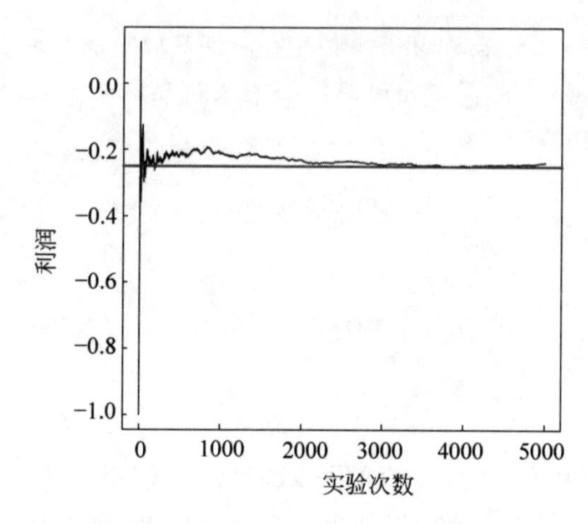

图 2.1 模拟需要花费 1 美元加入的赌局的利润，如果硬币反面朝上，则没有支付；反之，则支付 1.50 美元(实线)。灰色水平线对应于期望的利润

为了说明这个公式，请注意，对于在原始赌局的上下文中定义的随机变量 X 和 Y，有 $Y=X-1$(回想一下关于利润和支出减去进入价格的定义)。因此，在这个例子中，应该得到结果 $E(Y)=E(X)-1$。你可以根据 $E(Y)=-0.25$ 以及 $E(X)=0.75$ 的事实，自己验证上述结果。

2.3 赌局的公允价值

可以通过询问你愿意为进入赌局支付多少钱来改变之前的计算方法。也就是说，假设我们在本章开头提出的赌局改为：你付给我 f 美元，然后我掷硬币。如果硬币反面朝上，则我会收下你的钱。否则，如果正面朝上，则我还给你赌注 f 美元以及 50 美分的利润。你愿意支付的最高价值 f 是多少？我们将 f 的值称为赌局的公允价值。

既然你想长期赚钱(或者，至少不亏钱)，你可能希望有一个非负的期望利润，即 $E(X)\geqslant 0$，其中 X 是与前述赌局产生的利润相关的随机变量。因此，你愿意支付的最高价格对应于使 $E(X)=0$ 的价格(即长期看来你不会赚钱，但至少也不会亏钱)。如果下注的价格是 f，那么我们假设的赌局的期望利润是

$$E(X)=-f\times 0.5+0.5\times 0.5=0.5\times(0.5-f)$$

注意，当且仅当 $0.5-f=0$ 时，或等价地，当 $f=0.5$ 时，$E(X)=0$。

因此,要参与此赌局,你应该愿意支付任何等于或低于 50 美分公允价值的金额。价格对应于其公允价值 f 的游戏或赌局称为公平游戏或公平赌局。

赌局的公允价值的概念可用于提供概率的替代解释。考虑一个赌局,如果事件 A 发生,则支付 1 美元,否则支付 0 美元。这个赌局的期望值是 $1\times P(A)+0\times\{1-P(A)\}=P(A)$,也就是说,我们可以将 $P(A)$ 视为此赌局的公允价值。无论事件是否可以重复,这种解释都是有效的。实际上,这种对概率的解释是预测市场的基础,例如 PredictIt(https://www.predictit.org)和艾奥瓦电子市场(http://tippie.biz.uiowa.edu/iem/)。虽然大多数预测市场在美国是非法的(它们被认为是在线赌博的一种形式),但它们确实在其他英语国家如英国和新西兰运营。

2.4 比较赌局

随机变量的期望可以帮助我们比较两个赌局。例如,考虑以下两种赌局:

- 赌局 1:你支付 1 美元加入赌局,然后我掷骰子。如果出现 1,2,3 或 4,那么我返还 50 美分,并收下 50 美分。如果出现 5 或 6,那么我会退还你的钱并给你 50 美分。
- 赌局 2:你支付 1 美元加入赌局,然后我掷骰子。如果出现 1,2,3,4 或 5,那么我返还 75 美分,并收下 25 美分。如果出现 6,那么我会退还你的钱并给你 75 美分。

用 X 和 Y 分别代表上述两个赌局的利润。很容易发现,如果骰子是公平的,那么:

$$E(X)=-0.5\times\frac{4}{6}+0.5\times\frac{2}{6}\approx-0.166\,667$$

$$E(Y)=-0.25\times\frac{5}{6}+0.75\times\frac{1}{6}\approx-0.083\,333$$

这些结果告诉你两件事:(1)两个赌局长远看都会亏损,因为两者都有负期望利润;(2)虽然两者都是不利的,但第二种比第一种更好,因为它的不利程度更低。

可以通过分别模拟两个赌局各 2000 次,来验证结果。使用的代码与 2.2 节中使用的代码非常相似(参见图 2.2,以及侧边栏 2.1 详细了解如何用 R 模拟非等可能实验的结果)。

```
> n = 2000
> outsp = seq(1,6)
> die1 = sample(outsp,n,replace = T)
> die2 = sample(outsp,n,replace = T)
> profit1 = 0.5 * (die1 > 4) - 0.5 * (die1 <= 4)
> profit2 = 0.75 * (die2 > 5) - 0.25 * (die2 <= 5)
> runningprf1 = cumsum(profit1)/seq(1,n)
> runningprf2 = cumsum(profit2)/seq(1,n)
> plot(runningprf1, xlab = "Tries", ylab = "Profit", type = "l")
> lines(runningprf2, col = "red", lty = 2)
```

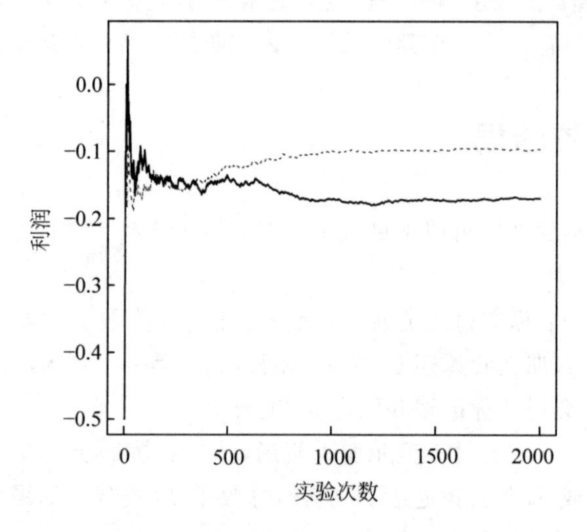

图 2.2　赌局 1(实线)和赌局 2(虚线)的运行利润

请注意,虽然之前第一次赌局的利润稍微好于第二次赌局的利润,但是一旦你玩一会儿这两种赌局,累积的利润就会恢复到接近各自的预期值。

考虑后续两种赌局:

- 赌局 3:你支付 3 美元加入赌局,然后我掷骰子。如果出现 1,2 或 3,那么我收下你的钱。如果出现 4,5 或 6,那么我会给你 6 美元(你原来的赌注再加上 3 美元的利润)。
- 赌局 4:你支付 3 美元加入赌局,然后我掷骰子。如果出现 1 或 2,那么我收下你的钱。如果出现 3,4,5 或 6,那么我会给你 4.5 美元(你原来的 3 美元再加上 1.5 美元的利润)。

这两个赌局的期望利润如下:

$$E(W) = (-3) \times \frac{3}{6} + 3 \times \frac{3}{6} = 0$$

$$E(Z) = (-3) \times \frac{2}{6} + 1.5 \times \frac{4}{6} = 0$$

因此，两个赌局都是公平的，期望价值无助于我们在其中进行选择。但是，显然这些赌局并不相同。直观地说，第一个更具“风险”，即失去原始赌注的概率更大。可以使用随机变量的方差概念来形式化这个想法：

> 具有结果 $x_1, x_2, \cdots, x_n$ 的随机变量 X 的方差如下：
>
> $$\begin{aligned} V(X) &= E\{[X - E(X)]^2\} = E(X^2) - \{E(X)\}^2 \\ &= x_1^2 P(X = x_1) + \cdots + x_n^2 P(X = x_n) - \\ &\quad \{x_1 P(X = x_1) + \cdots + x_n P(X = x_n)\}^2 \end{aligned}$$

如公式所示，方差衡量结果与期望的平均距离。因此，较大的方差反映了赌局拥有更多极端的结果，这通常意味着更大的赔钱风险。举例而言，对于赌局 3 和 4，有：

$$V(W) = \left\{(-3)^2 \times \frac{3}{6} + 3^2 \times \frac{3}{6}\right\} - \{0\}^2 = 9$$

$$V(Z) = \left\{(-3)^2 \times \frac{2}{6} + \left(\frac{3}{2}\right)^2 \times \frac{4}{6}\right\} - \{0\}^2 = 4.5$$

这与我们最开始的直觉是一致的。图 2.3 显示了两个赌局各 2000 次模拟的运行利润。正如预期的那样，变化更多的赌局 3 振荡更剧烈，并且比变化较少的赌局 4 花费更长时间接近期望值 0。

```
> n = 2000
> outsp = seq(1,6)
> die3 = sample(outsp,n,replace = T)
> die4 = sample(outsp,n,replace = T)
> profit3 = 3 * (die3 > 3) - 3 * (die3 <= 3)
> profit4 = 1.5 * (die4 > 2) - 3 * (die4 < = 2)
> runningprf3 = cumsum(profit3)/seq(1,n)
> runningprf4 = cumsum(profit4)/seq(1,n)
> plot(runningprf3, xlab = "Tries", ylab = "Profit", type = "l")
> lines(runningprf4, col = "red", lty = 2)
> abline(h = 0, col = "grey")
```

就像期望一样，方差有一些有趣的特性。首先，方差始终是非负数(方差为零对应于非随机数)。此外，

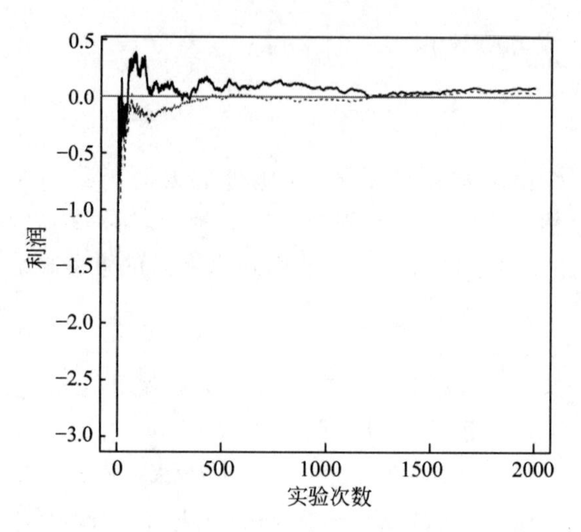

图 2.3 赌局 3(连续实线)和赌局 4(虚线)的运行利润

> 如果 X 是随机变量,且 a 和 b 是两个常数(非随机值),那么
> $$V(aX+b)=a^2V(X)$$

此时要谨慎。请注意,较大的方差不仅意味着输钱的风险较高,而且还意味着在单轮游戏中赚取更多钱的可能性(赌局 3 的最大利润实际上是赌局 4 的最大利润的两倍)。因此,如果你想尽可能快地赚钱(而不是尽可能长时间地玩),你通常会更愿意承担额外的风险,并参与方差最大的赌局。

2.5 效用函数和理性选择理论

2.4 节中提出的关于赌局比较的讨论,是理性选择理论应用的一个例子。理性选择理论只是简单地指出,个人做出决定似乎是试图最大化他们从行为中获得的“幸福”(效用)。但是,在决定如何获得想要的东西之前,首先需要决定我们想要什么。因此,理性选择理论的应用包括两个不同的步骤:

(1) 需要定义一个效用函数,它只是一个人对某些对象或行为的偏好的量化。

(2) 需要找到最大化(期望)效用的对象/动作的组合。

例如,之前比较赌局时,我们的效用函数要么是投注产生的货币利润

(在第一个例子中),要么是赌局方差的函数(作为第二个例子,所有赌局的期望利润是一样的)。但是,为给定情况找到适当的效用函数可能是一项艰巨的任务。这里有些例子:

(1) 赌场中的所有游戏都对玩家有偏见,即所有游戏都有负的期望收益。如果玩家的效用函数仅基于货币利润,那么没有人会赌博!因此,证明人们赌博合理性的效用函数,应包括一个用于说明与赌博相关的非货币奖励的因子。

(2) 当你的父亲和5岁的你一起打牌时,他的目标可能不是赢而是为了取悦你。同样,在这种情况下,基于金钱的效用函数可能没有任何意义。

(3) 给定金额的价值可能取决于你已经拥有多少钱。如果你破产了,10 000美元可能代表很多钱,即使期望的利润为正,你也不会参加可能让你损失那么多钱的赌局。另一方面,如果你是沃伦·巴菲特或比尔·盖茨,那么参加这样的赌局就不会有问题。

在本书中,假设玩家只对经济利益感兴趣,并且他们从中获得的乐趣(效用函数的另一个组成部分)足以证明赔钱概率的合理性。此外,假设玩家都是会规避风险的,所以在具有相同期望利润的赌局中,会更喜欢那些方差较小的赌局。出于这个原因,在本书中,通常首先会看到游戏的期望值,如果两个或更多选择的期望值恰好相同,会期望玩家选择方差较小的选择(正如之前讨论的那样,最小化风险)。

2.6　理性选择理论的局限

理性选择理论虽然对制定人类行为模型很有用,但并不总是现实的。人们如何轻易偏离上述严格理性行为的一个很好的例子是埃尔斯伯格的悖论(Ellsberg's Paradox)。假设你有一个包含100个蓝色球和200个其他颜色球的盒子,其中一些是黑色的,一些是黄色的(每种颜色确切的数量是未知的)。首先,提供给你两个赌局:

- 赌局1:如果你抽到一个蓝球,便得到10美元,否则无收益。
- 赌局2:如果你抽到一个黑球,便得到10美元,否则无收益。

你更喜欢两个赌局中的哪一个?回答完这个问题后,提供给你以下两个赌局:

- 赌局3:如果你抽到一个蓝球或黄球,便得到10美元,否则无收益。

- 赌局 4：如果你抽到一个黑球或黄球，便得到 10 美元，否则无收益。

无论有多少黄球，理性选择理论(基于计算每个赌局的期望值)预测如果你更喜欢赌局 2，那么你也应该更喜欢赌局 4，反之亦然。要看到这一点，请注意，赌局 1 的期望收益是(1/3)×10≈3.333(因为在盒子中恰好有 100 个蓝球)。因此，如果赌局 2 比赌局 1 更好，你需要假设盒子中包含超过 100 个黑球。但是如果假设盒子中至少有 100 个黑球，那么赌局 3 的期望值最多为(100/300＋99/300)×10≈6.663(因为盒子最多有 99 个黄球，且正好有 100 个蓝球)，而赌局 4 的预期利润总是(200/300)×10≈6.666，使得赌局 4 总是比赌局 3 更好。这个悖论源于许多喜欢赌局 1 和赌局 2 的人，实际上更喜欢赌局 4 和赌局 3。这可能是因为人们不知道如何应对黑球和黄球数量的不确定性，从而更喜欢那些存在较少(明显)不确定性的投注。

另一个有趣的例子是阿莱斯悖论(Allais Paradox)。考虑 3 种可能的奖金——奖金 A：0 美元，奖品 B：100 万美元，奖金 C：500 万美元。你首先被要求在两个彩票中进行选择：

- 彩票 1：你肯定会得到奖金 B(100 万美元)。
- 彩票 2：你获得奖金 A(无)的概率为 0.01，获得奖金 B(100 万美元)的概率为 0.89，或者您获得奖金 C(500 万美元)的概率为 0.10。

然后，为你提供第二组彩票：

- 彩票 3：你获得奖金 A(无)的概率为 0.89，或者获得奖金 B(100 万美元)的概率为 0.11。
- 彩票 4：你获得奖金 A(无)的概率为 0.90，或者获得奖金 C(500 万美元)的概率为 0.10。

同样，许多受试者报告他们更喜欢彩票 1 和彩票 4，尽管理性选择理论预测选择彩票 1 的人也应该选择彩票 3。

阿莱斯悖论甚至比埃尔斯伯格的悖论更微妙，因为每个赌局(本身)都有明显的选择(分别为 1 和 4)。但是将两个赌局放在一起，如果你在第一个赌局中选择彩票 1，那么你应该在第二个赌局中选择彩票 3，因为它们本质上是相同的选项。我们理解这一点的方式(关于这个悖论！)是注意到彩票 1 可以被看作 89％的概率赢得 100 万美元，剩下 11％的概率也赢得 100 万美元。我们以这种不同寻常的方式看待彩票 1，因为这样更容易与彩票 3 比较(我们在 89％的时间里没有赢得任何东西和在 11％的时间里赢得 100 万美元)。我们可以改变我们看待彩票 4 的方式也是出于同样的原因(为了更好地将它与彩票2进行比较):我们有89%的概率无收益,1%的概率无收益,剩余10%的概率获得500万美元。表2.1总结了这种彩票的另一种描述。

表2.1　Allais悖论中不同彩票的奖金

彩票1	彩票2	彩票3	彩票4
89%的时间赢得100万美元	89%的时间赢得100万美元	89%的时间什么也得不到	89%的时间什么也得不到
11%的时间赢得100万美元	1%的时间什么也得不到 10%的时间赢得500万美元	11%的时间赢得100万美元	1%的时间什么也得不到 10%的时间赢得500万美元

你可以看到彩票1和彩票2相当于89%的时间(它们都给你100万美元)而且彩票3和彩票4也是相同的,也是89%的时间(它们什么都不给你)。如果我们划掉与在89%的时间内应该发生的行为相对应的行,让我们看一下表格。

在表2.2中,非常清楚地看到彩票1和彩票3是相同的选择,彩票2和彩票4也是相同的选择。因此,从这个悖论得出的结论是,与第二个赌局相比,在第一个赌局中增加89%获得100万美元的概率,即使没有理由这样做,人们也会偏离投注的理性选择。

表2.2　Allais悖论中不同彩票11%的时间的奖金

彩票1	彩票2	彩票3	彩票4
11%的时间赢得100万美元	1%的时间什么也得不到 10%的时间赢得500万美元	11%的时间赢得100万美元	1%的时间什么也得不到 10%的时间赢得500万美元

这两个悖论的底线是,尽管理性选择是一种有用的理论,可以产生有趣的见解,但在将这些见解应用于现实生活问题时需要谨慎行事,因为似乎人们不一定会做出“理性”的选择。

2.7　习题

1. 运用理性选择理论的定义来讨论赌博在哪种意义上可以被认为是“理性的”或“非理性的”。

2. 使用文中描述的“理性玩家”的基本原则(主要是玩家总是试图最大化其期望值,其次最小化收益的方差),决定玩家选择下面的哪个投注。在所有投注中,玩家需要支付1美元才能进入赌局。

投注1:当你抛硬币并且正面朝上时,你会失去赌注。如果反面朝上,你能拿回赌注并获得0.25美元。

投注2:当你掷出一个骰子并且出现了1或2,那么你就输掉赌注;如果出现了3或4,那么你能拿回赌注;如果出现5或者6,你能拿回赌注并且赢得0.50美元。

投注3:如果你掷一个骰子并且出现1,2或3,那么你就输掉赌注。如果出现4,那么你能拿回赌注;如果出现5或6,你能拿回赌注并且赢得0.50美元。

3. 随机变量的值以其随机可变性为特征。用你自己的话来解释这种可变性的哪个方面是期望值试图捕获的。随机可变性的哪个方面是方差试图捕获的?

4. 如果你在比较两个不同随机变量的方差,你发现一个比另一个高得多,那意味着什么?

5. 下注利润的高度可变性是否意味着更高或更低的损失风险?

6. 价格为1美元的新游戏的期望利润为−0.0283美分。如果你反复下注5美元1000次,你会期望在晚上赢或输吗?赢或输多少钱呢?

7. 评论以下声明:“理性的玩家将总是选择具有高可变性的赌注,因为它可能带来更高的收益。”

8. 考虑三种不同的股票及其利润。理性玩家会选择哪一种?

股票A:该股票将给你带来100美元净利润的概率为0.8,−150美元净利润的概率为10%,200美元净利润的概率为5%,−500美元净利润的概率为5%。

股票B:该股票将给你带来65美元净利润的概率为0.8,−15美元净利润的概率为10%,40美元净利润的概率为5%,−50美元净利润的概率为5%。

股票C:该股票将给你带来100美元净利润的概率为0.5,−150美元净利润的概率为20%,200美元净利润的概率为15%,−500美元净利润的概率为15%。

9. 对以下四种彩票进行排名(所有费用均为1美元)。解释你的选择:

- L1:以1/2的概率支付0美元,以1/2的概率支付40 000美元。

- L2：以 1/5 的概率支付 0 美元，以 4/5 的概率支付 25 000 美元。
- L3：以 1/2 的概率支付 −10 000 美元（因此，如果输了，你需要支付 10 000 美元），以 1/2 的概率支付 50 000 美元。
- L4：以 1/3 的概率支付 10 美元，以 2/3 的概率支付 30 000 美元。

10. 假设你最终有一些钱购买一辆体面的汽车。你有两种选择：方案 U 对应于购买已经使用了 10 年的卡罗拉，方案 N 对应于购买全新的卡罗拉。每个方案都涉及不同类型的成本（汽车的初始成本和未来的维护成本）。

- 对于选项 U，有 80%的概率，除了购买汽车的 10 000 美元的成本之外，我们将在未来为汽车的主要维护花费 2000 美元。未来成本也有 15%的概率高达 3000 美元（总成本为 13 000 美元）。最后，更不幸的是有 5%的可能性，未来成本高达 5000 美元（总成本为 15 000 美元）。
- 对于选项 N，很有可能（90%的概率）未来维护汽车没有重大成本，而你只需承担购买汽车的成本（20 000 美元）。但是，有一定可能（比如 5%）需要新的变速器或其他主要维护（比如，涉及 1000 美元的成本）。一些比较大的维修的可能性较小（3%，比如 2000 美元左右）。而且，对于真正不幸的人来说，有 2%的概率可能需要做一些重大的维修（花费 3000 美元）。

人们会理性地选择两个方案中的哪一个？为什么？

11. 一个盒子中包含 30 个黄色球和 70 个其他颜色的球（可以是红色或蓝色）。假设你获得以下两个投注：

- 投注 1：如果你抽到一个黄球，你会得到 10 美元。
- 投注 2：如果你抽到一个蓝球，你会得到 10 美元。

如果你更喜欢第二个投注，那么如果你是一个理性的玩家，你会更喜欢以下两种投注中的哪一个？

- 投注 3：如果你抽到一个红球，你会得到 20 美元。
- 投注 4：如果你抽到一个黄球或蓝球，你会得到 15 美元。

12. [R] 模拟上一道练习题中两对投注的利润，并绘制结果，看看你是否做出了正确的决定。

13. 某种健康状况有两种可能的治疗方法：

- 治疗 A，如果成功，将使患者的寿命延长 36 个月。如果失败，既不会增加也不会缩短患者的期望寿命。临床试验表明，20%的患者对这种治疗方案有反应。

- 治疗B,如果成功,将使患者的寿命延长14个月,65%的患者会对此有反应。此外,接受该治疗的患者中10%有不良反应,使其期望寿命缩短2个月,其余患者(25%)治疗无效。

你会推荐两种治疗方法中的哪一种,为什么?是否存在其他情况,会使得你推荐另一项治疗?考虑进行推荐的医生和接受治疗的患者的观点。

第3章　轮盘赌

轮盘赌是现代赌场中较简单的游戏之一，并且相对于其他游戏更广为人知。事实上，这个游戏已经出现在无数电影中，如：亨弗莱·鲍嘉(Humphrey Bogart) 1942 年的《卡萨布兰卡》，罗伯特·雷福德(Robert Redford) 1993 年的《桃色交易》，以及 1994 年的德国电影《罗拉快跑》。

3.1　规则和赌局

轮盘赌使用一个被划分成带编号和颜色编码的格子的旋转轮。美国轮盘赌(美国流行)有 38 个格子，欧洲轮盘赌有 37 个格子(蒙特卡洛和其他欧洲地区较为常见)；见图 3.1。庄家(作为负责赌台的赌场员工闻名)

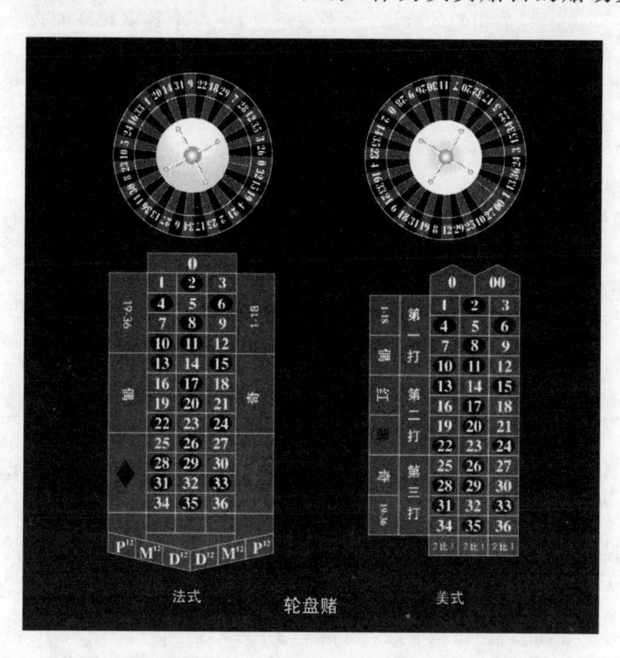

图 3.1　法国/欧洲(左)和美国(右)轮盘赌的轮盘以及放置赌注的区域

旋转轮盘,并将一个小球扔向相反的方向。赌局的结果取决于球落在哪个格子。

通过将筹码移动到桌子中的适当位置来放置轮盘赌中的赌注。轮盘赌投注通常分为内部和外部投注。外部投注的名称来源于放置赌注的方框围绕编号框的事实。

最简单的内部投注称为直接投注(straight-up),对应于对特定数字的投注。要下注,只需将筹码移动到标有相应数字的方格中心即可。直接下注的赔率为35比1,这意味着如果你的数字出现在轮子中,你可以获得原始投注,并为你下注的每1美元获得35美元的利润。表3.1描述了其他内部投注,例如拆分(split)或街道(street)。

表3.1 美式轮盘的内部投注

投注名称	你投注于	赌注的放置处	赔率
直接投注(straight-up)	1～36间的一个数	数字方格的中间	35比1
零投注(zero)	0	方格0的中间	35比1
双零投注(double zero)	00	方格00的中间	35比1
拆分投注(split)	两个相邻的数字(水平或垂直)	两个数字共享的边上	17比1
街道投注(street)	同一水平线上的三个数字	水平线的右边缘	11比1
方形投注(square)	构成方形的4个数字(例如19,20,22和23)	四个数字共享的角	8比1
双街道投注(double street)	两组相邻的街道(看街道行)	分割两组街道的线的最右侧	5比1
筐投注(basket)	三种可能性中的一个:0,1,2或0,00,2或00,2,3	三个数字的交点	11比1
顶线投注(top line)	0,00,1,2,3	0和1的角或00和3的角	6比1

最简单的外部投注为颜色(或红/黑)投注,以及奇/偶投注。顾名思义,如果球落入了与你选择的格子的颜色一致的格子中,那么你赢得颜色投注。相似地,如果轮盘赌的结果是一个非零的偶数,那么你赢得偶数投注。上面的两个例子中,赔率均为1比1,因此它们也被称为均衡赌局(even bets)。然而,正如我们后面将看到的,这些均衡赌局并非公平的投注,因为胜率并不是1比1。表3.2列出了一些外部投注。这个列表对应

了在美国最常用的一些投注和赔率，一些赌场允许额外的投注，或者能够稍稍改变与之相关的奖金。

表 3.2 美式轮盘的外部投注

投注名称	你投注于	赌注的放置处	赔率
红/黑投注(red/black)	轮盘赌显示的颜色	写着“红”或“黑”的格子	1比1
偶/奇投注(even/odd)	轮盘赌显示的非零数字的奇偶性	写着“偶”或“奇”的格子	1比1
1-18 投注	较小的 18 个数	写着 1～18 的格子	1比1
19-36 投注	较大的 18 个数	写着 19～36 的格子	1比1
12 码投注(dozen)	数字在 1～12(第一打)或 13～24(第二打)或 25～36(第三打)中	写着“第一打”(first dozen)或“第二打”(second dozen)或“第三打”(third dozen)的格子	2比1
列投注(column)	数字在 1,4,7,10,13,16,19,22,25,28,31,34(左列)；或 2,5,8,11,14,17,20,23,26,29,32,35(中列)；或 3,6,9,12,15,18,21,24,27,30,33,36(右列)中	对应列下有标注的格子	2比1

从数学的角度来看，轮盘赌是最容易分析的游戏之一。举个例子，在美式轮盘赌中，有 38 种结果(数字 1～36 加上 0 和 00)，并假设是等可能的。因此，任何一个数字出现的概率都是 1/38。这意味着在直接投注中下注 1 美元，期望利润是

$$E(\text{直接投注 1 美元的利润}) = (-1)\times\frac{37}{38} + 35\times\frac{1}{38}$$

$$= -\frac{2}{38} \approx -0.0526$$

注意期望利润是负数。因此，长期看来，你下注的每 1 美元将会输掉大约 5 美分。这个数字被称之为庄家优势(house advantage)。这确保了赌场仍然是一项可以预见的盈利业务(想想第 2 章关于期望的大数定律)。

考虑偶数投注，共 18 个非零偶数；因此，期望利润是：

$$E(\text{偶数投注 1 美元的利润}) = (-1)\times\frac{20}{38} + 1\times\frac{18}{38}$$

$$= -\frac{2}{38} \approx -0.0526$$

相同的计算适用于奇数、红、黑、1～18 和 1～19 等投注。另一方面，拆分投注的期望利润为：

$$E(\text{拆分投注 1 美元的利润})=(-1)\times\frac{36}{38}+17\times\frac{2}{38}$$

$$=-\frac{2}{38}\approx-0.0526$$

对于街道投注：

$$E(\text{街道投注 1 美元的利润})=(-1)\times\frac{35}{38}+11\times\frac{3}{38}$$

$$=-\frac{2}{38}\approx-0.0526$$

事实上，美式轮盘赌几乎所有赌局的庄家优势都是相同的(−2/38)。表 3.1 和表 3.2 讨论的所有赌局中，唯一的例外是顶线投注(top line bet)，它比其他常见的赌局更为不利：

$$E(\text{顶线投注 1 美元的利润})=(-1)\times\frac{33}{38}+6\times\frac{5}{38}$$

$$=-\frac{3}{38}\approx-0.0789$$

事实上，顶线投注比同时在其中每一个数字上进行直接投注更不利！要想看到这一点，可以考虑在顶线投注中投注 5 美元，而在顶线投注(0,00,1,2,3)中的每个数字上同时投注 1 美元。根据期望的属性(回想第 2 章)，第一次下注的预期利润是：

$$\underbrace{5}_{\text{投注金额}}\times\underbrace{\left(-\frac{3}{38}\right)}_{\text{顶线投注的庄家优势}}\approx-0.3947$$

然而，第二个赌局的期望利润是：

$$\underbrace{5}_{\text{投注金额}}\times\underbrace{\left(-\frac{2}{38}\right)}_{\text{直接投注的庄家优势}}\approx-0.2631$$

这意味着，即使你将相同数量的金钱投注到完全相同的数字，使用顶线投注也会平均多损失 50%！

尽管轮盘赌中的大多数赌注在预期价值方面都是相同的，但与之相关的风险差别却很大。举个例子，直接下注：

$$V(\text{直接投注 1 美元的利润})=(-1)^2\times\frac{37}{38}+35^2\times\frac{1}{38}-\left(-\frac{2}{38}\right)^2$$

$$\approx33.21$$

与此同时颜色投注的方差是：

$$V(\text{颜色投注 1 美元的利润})=(-1)^2\times\frac{20}{38}+1^2\times\frac{18}{38}-\left(-\frac{2}{38}\right)^2$$

$$\approx 0.9972$$

这些计算凸显出与颜色投注相关的风险远小于与直接下注相关的风险。为了验证这种直觉，让我们模拟美式轮盘赌的 10 000 次旋转，并绘制两个赌局中每次下注 1 美元相关的运行利润：

```
> n = 10000
> spins = sample(38, n, replace = TRUE)     #37 和 38 分别对应 0 和 00
> redp = c(1,3,5,7,9,12,14,16,18,19,21,23,
+ 25,27,30,32,34,36)                        #在颜色投注中赌红色,见图 3.1
> strp = 16                                 #在直接投注中赌数字 3
> profit1 = (spins %in% redp) - !(spins %in% redp)
> profit2 = 35 * (spins == strp) - (spins!= strp)
> runningav1 = cumsum(profit1)/seq(1,n)
> runningav2 = cumsum(profit2)/seq(1,n)
> plot(runningav1, xlab = "Spin", ylab = "Profit", type = "l")
> lines(runningav2, col = "red", lty = 2)
> abline(h = - 2/38, col = "grey")
```

图 3.2 显示了这些模拟的结果，与我们之前的讨论一致：尽管两种投注的平均利润最终趋于收敛到预期值 −2/38，但直接投注（方差最高）具有更多不稳定的回报。

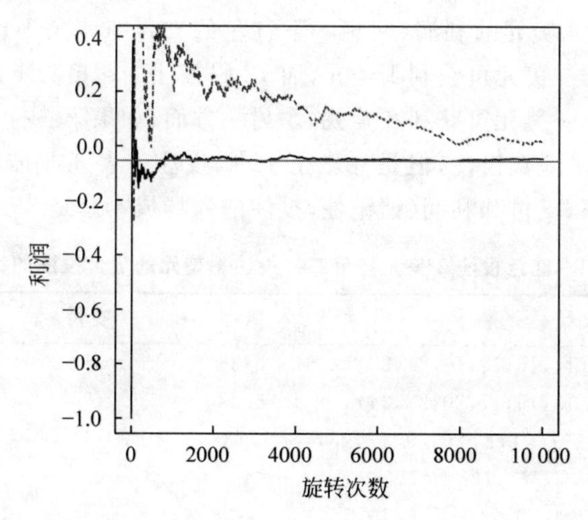

图 3.2　颜色（实线）投注和直接投注（虚线）的运行利润

下次去赌场时应该怎么做？这取决于你的目的是什么，以及你有多少资金。如果你想在花完钱之前尽可能长时间地玩，应该只玩彩色投注(或者有类似支付的投注，比如偶数/奇数投注或1－18或19－38投注)。另一方面，如果你想通过一次下注最大化你可以赚到的金额，那么应该只玩直接投注(就像《罗拉快跑》中的主角)。但是，在这种情况下，你也最大限度地提高了破产的可能性。没有免费午餐……

欧洲轮盘赌可以用类似的方式进行分析。支付赔率与美式轮盘赌相同，但现在单个数字的概率为$\frac{1}{37}$。因此，这种情况下直接投注的期望值是：

$$E(\text{直接投注 1 美元的利润})=(-1)\times\frac{36}{37}+35\times\frac{1}{37}=-\frac{1}{37}\approx-0.027\,027$$

这一计算表明，在美式轮盘赌中直接投注的庄家优势几乎是欧洲轮盘赌的两倍。如果有选择，应该总是喜欢在欧洲而不是在美国的轮盘赌。

3.2 组合投注

有时玩家喜欢在轮盘赌的同一轮旋转上同时进行多次下注。举个例子，考虑在红色下注2美元，在12码投注的第二组数字下注1美元。这种同时下注的支付方式将根据出现的数字而有所不同。如果第二组中的红色数字出现(例如16)，你就赢了两个赌注并且你得到了你最初下注的3美元再加上4美元的利润(回想一下红色的支付赔率是1比1，这意味着你下注的每一美元可获利1美元，而12码投注的回报为1比2，这意味着你下注的每一美元可获利2美元)。另一方面，如果第二打中的奇数出现，你就输掉了偶数投注，但是你赢了12码投注。表3.3描述了可能的结果及其概率，支付和利润(请记住，投注的入场成本总是3美元)。

表3.3 红色投注2美元与第二打投注1美元的组合投注的结果

结　　果	概率	支付	利润
红色在第二打(14,16,18,19,21,23)	6/38	2＋2＋1＋2＝7	7－3＝4
黑色在第二打(13,15,17,20,22,24)	6/38	1＋2＝3	3－3＝0
红色在第一或三打(1,3,4,5,9,12,25,30,32,34,36)	12/38	2＋2＝4	4－3＝1
所有其他数字(0,00,2,6,7,8,10,11,26,28,29,31,33,35)	14/38	0	0－3＝－3

从表 3.3 可以很容易地看出这个组合投注的期望利润是：

$$E(\text{利润})=4\times\frac{6}{38}+0\times\frac{6}{38}+1\times\frac{12}{38}+(-3)\times\frac{14}{38}=-\frac{6}{38}$$

这与在几乎任何简单的赌局中投注 3 美元的期望利润相同！这个结果表明你不能通过组合投注来降低庄家优势。另一方面，这种投注的方差是

$$V(\text{利润})=(4)^2\times\frac{6}{38}+(0)^2\times\frac{6}{38}+(1)^2\times\frac{12}{38}+(-3)^2\times\frac{14}{38}-\left(\frac{6}{38}\right)^2$$
$$=6.13296$$

请注意，这个值小于 12 码投注的方差，但大于颜色投注的方差。因此，即使它不会增加你获胜的概率，混合投注也可以让你调整你所承担的风险。

3.3　有偏轮盘

到目前为止，我们对轮盘赌的分析假设所有数字具有相同的概率。然而，实际上，轮盘是一种易磨损的机械装置，因此，即使最好的轮盘也会略微偏向一些数字(换句话说，它会变得有偏见)。例如，这可能是因为翘曲的轴，因为有缺口/破损的小格子，或仅仅因为轮盘不平整。或者，偏差可能不是由于车轮本身造成的，而是由于庄家旋转车轮或球的方式。无论是什么原因，只有当玩家意识到它时，有偏见的轮盘赌才会伤害赌场，在这种情况下，他们可以利用偏见来减少(或消除)庄家优势。

下面对有偏轮盘(biased wheels)进行分析。为了具体起见，将使用一个对 3 个数字略有正偏差的轮子和对其他数字有负偏差的轮子。知道哪三个数字具有正偏差的玩家，可以同时对这些数字进行直接下注。例如，考虑一个有偏轮盘，其中数字 2,4 和 21 各自的概率为 0.028(略大于无偏轮盘的典型概率 1/38≈0.0263)，而其他 35 个数字全部拥有相同的出现概率 0.026 171 43(必然略低于 1/38≈0.0263)。如果玩家只对轮盘所偏向的 3 个数字分别进行 1 美元的直接投注，则投注的利润为：

$$\underbrace{0.028}_{\text{得到4的概率}}\times(\underbrace{36}_{\text{4的支付}}-\underbrace{3}_{\text{成本}})+\underbrace{0.028}_{\text{得到21的概率}}\times(\underbrace{36}_{\text{21的支付}}-\underbrace{3}_{\text{成本}})+\underbrace{0.028}_{\text{得到2的概率}}\times$$
$$(\underbrace{36}_{\text{2的支付}}-\underbrace{3}_{\text{成本}})+\underbrace{(1-3\times0.028)}_{\text{其他结果的概率}}\underbrace{(-3)}_{\text{成本}}$$

简化为

$$0.084\times33+0.916\times(-3)=0.024$$

由于期望值为正，玩家实际上会通过长期投注有偏轮盘所偏向的数字来赚钱！玩家可以潜在地利用轮盘中的任何偏差这一事实，意味着赌场不太可能故意使得轮盘有偏。

现在,让我们回过头来解决以下问题:如果玩家能够发现轮盘的偏差,那么三个数字的组合偏差需要多大才能消除庄家优势(并使轮盘赌游戏公平)?设 x 为组合偏差,并假设我们在每个数字上下注 1 美元。这意味着同时直接下注获胜的概率为 $3/38+x$(利润为 $36-3=33$ 美元),失败概率为 $35/38-x$(预期利润为 -3 美元)。因此,期望利润为:

$$33\times\left(\frac{3}{38}+x\right)+(-3)\times\left(\frac{35}{38}-x\right)=\frac{99-105}{38}+36x=-\frac{6}{38}+36x$$

为了使游戏公平,需要 x 满足 $-6/38+36x=0$,或 $x=1/228$。因此,将 3 个数字的概率从 $1/38\approx0.026\ 315$ 改为 $1/38+1/684\approx0.027\ 77$ 就足以使庄家优势消失。

可以使用 R 来模拟偏向数字 2,4 和 21 的有偏轮盘:

```
> n = 5000
> outspc = seq(1,38)
> pbw = rep(0,38)
> fav = c(2,4,21)                        #有利的格子
> pbw[fav] = 0.028                       #有利格子的概率
> pbw[-fav] = (1 - sum(pbw[fav]))/35     #其他格子概率
> spins = sample(38, n, replace = TRUE, prob = pbw)
> barplot(table(spins))
```

图 3.3 显示了在上述 5000 次旋转有偏轮盘的模拟中,观察到的经验频率的条形图。请注意,即使有 5000 次旋转,也很难确定哪些格子

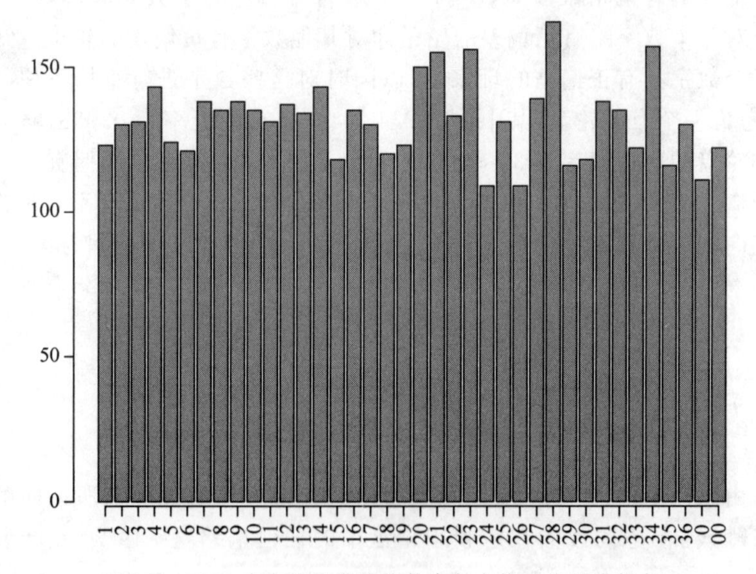

图 3.3　5000 次有偏轮盘的旋转中每个格子的经验频率

(如果有的话)更受青睐。实际上,从这个模拟中看起来轮盘偏向数字28!

之前的模拟强调,即使利用有偏轮盘是玩家减少庄家优势的极少数方式之一,但是检测具有良好确定性的有偏轮盘并不容易,并且可能需要我们观察轮盘很长一段时间(特别是在偏差很小时)。需要记录的旋转的确切数量,取决于偏差的大小以及你对偏差存在的确定性;使用切比雪夫定理可以得到所需数量的粗略近似值:

> 设 z_A/n 为 n 次重复相同实验之后观察到事件 A 的频率,并且令 $P(A)$是与事件 A 相关联的概率。那么对于任意期望的精度 ε:
>
> $$P\left(\left|\frac{z_A}{n}-P(A)\right|>\varepsilon\right)\leqslant\frac{P(A)\{1-P(A)\}}{n\varepsilon^2}$$

切比雪夫定理将实验的重复次数(在我们的例子中,轮盘的旋转次数)与通过经验频率 z_A/n 逼近 $P(A)$时所犯的误差联系起来。我们已经知道(根据大数定律)随着 n 的增长,这个误差变得越来越小,但是我们并不知道它减小得到底有多快。切比雪夫定理填补了这个空白,它可以帮助我们确定需要多少次旋转才能确定轮盘是否有偏差。

理解切比雪夫的定理可能很难,因为定义中涉及的频率和概率太多了。为了获得一些直觉,可以考虑运行大量无偏轮盘的模拟,每个模拟由10 000 次旋转组成。图 3.4 显示了 100 个这样的模拟中任何给定格子的累积经验频率的曲线。因为这些是随机实验,所以每条曲线与其他曲线

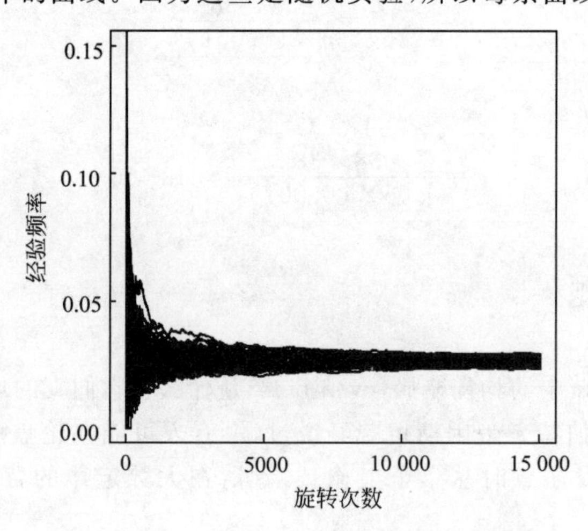

图 3.4　无偏轮盘中单个格子的累积经验频率

略有不同。尽管如此,一些模式仍然很清楚。例如,可以看到图表看起来有点像水平漏斗,左侧尺寸更宽,而右侧更窄。

可以将图的特征与切比雪夫定理中出现的不同术语联系起来。例如,你可以将漏斗的宽度视为当通过经验频率 z_A/n 逼近 $P(A)$ 时所造成的误差。因此,粗略地说,漏斗的宽度等于 ϵ。正如所料,较小的 ϵ 值(估算中的精度更高)需要更大的 n 值,反之亦然。此外,应该清楚的是,对于任何 n,漏斗的宽度本身是随机的。实际上,如果我们进行第二组 100 次模拟,漏斗的宽度将略有不同。因此,能做的最好的事情就是,选择一个能够以高概率给我们带来所需宽度的 n(但我们永远不能确定误差不大于我们想要的值)。需要自己决定所需的高概率(通常使用 0.95,0.99 或 0.999)。但是,请注意,期望概率越大,n 的值就越大。

为了阐述切比雪夫定理如何工作,考虑旋转一个轮盘 100 000 次来判断旋转到 00 的概率是否是 1/38。如果轮盘是无偏的,从这个实验得到的估计与真实概率之间的差异大于 0.001(这是我愿意承认的最大误差)的概率有多大?一个满足切比雪夫定理的直接应用如下:

$$P\left(\left|\frac{z_A}{n}-\frac{1}{38}\right|>0.001\right)\leqslant\frac{\frac{1}{38}\times\frac{37}{38}}{100\,000\times(0.001)^2}\approx 0.2562$$

这个概率相对较高,所以实际上需要更多轮旋转才能足够准确。还有多少?假设不希望 0.001 误差的概率大于 5%。然后,再次利用切比雪夫定理,

$$0.05=\frac{\frac{1}{38}\times\frac{37}{38}}{n\times(0.001)^2}$$

即

$$n=\frac{\frac{1}{38}\times\frac{37}{38}}{0.05\times(0.001)^2}\approx 512\,466$$

3.4 习题

1. 轮盘赌中的均衡赌局(even bets)是什么?它们真的均衡吗?

2. 阿尔伯特·爱因斯坦曾经说过,没有人可能在轮盘赌中获胜“除非他在庄家没注意时从桌子上偷钱”。请在大数定律的背景下解释这句话。

3. 美式轮盘赌中,在 22-23-24 进行 5 美元的街道投注,同时进行 1

美元的奇数投注的期望值和方差是多少？

4. 美国轮盘赌中，在1-2-4-5进行2美元的方形投注，同时进行3美元的第一列投注的期望值和方差是多少？

5. 欧洲轮盘赌中的拆分投注、颜色投注和12码投注的庄家优势是多少？

6. 在美国轮盘赌中，几乎所有投注都具有相同的期望值。但是，它们都有相同的方差吗？如果你认为它们不具有相同的方差，请展示一个反例。如果你想尽可能长时间玩，你更喜欢什么投注？

7. 如果轮盘中有三个“丢失”数字(称为0,00和000)，轮盘赌中的庄家优势会是多少？

8. 在美式轮盘赌中，下列哪一项投注的获胜概率较高？哪一个有更高的预期收益？哪一个方差最大？你更喜欢哪一个，为什么？

- 红色投注18美元。
- 拆分投注2美元。

9. 在美式轮盘赌中，下列哪一项投注的获胜概率较高？哪一个有更高的预期收益？哪一个方差最大？你更喜欢哪一个，为什么？

- 双街投注10美元。
- 12码投注2美元(假设这一打不包含双街的任何数字)。

10. 在轮盘赌的第一和第三列策略中，在第一列中下注两个，在第三列中下注两个，在黑色中下注两个。这个系统在美国轮盘赌中的期望值是多少？

11. 考虑一个轮盘赌轮，它偏向于两个数字9和34。为了让这个轮盘赌的投注公平，需要多大的偏差？

12. 为什么赌场不太可能故意使他们的轮盘赌有偏？

13. 轮盘赌中收益的计算基于一个假设，即所有数字具有相同的概率(在欧洲轮盘赌中，即$1/37\approx0.027$)。假设在收集了一个给定的欧洲轮盘的许多旋转之后，你发现三个数字25、17和34出现的概率略高(比如说0.04)，而其他34个数字的概率几乎相同($0.88/34\approx0.025\,88$)。如果你选择了一种策略，即对每个高概率数字进行1美元的直接投注。这个投注的期望收益是多少？

14. 做出与前一个问题相同的假设，但现在假设三个有偏差的数字的概率为0.05，剩下的数字的概率为$0.85/34\approx0.025$。假设你选择一种策略，你可以对每个高概率数字进行1美元的直接投注。这次投注的预期收益是多少？

15. 为了以99%的概率确信在美国轮盘赌中单个数字的正常概率(0.021 631 57)存在0.002 923 8的偏差,你应该观察多少轮旋转(这个偏差不仅会抵消庄家优势,实际上也会把它变成你的优势)。

16. [R] 模拟并可视化轮盘赌中均衡投注的期望值和点差。

17. [R] 模拟有偏的轮盘赌,其中你选择的三个数字出现的概率为0.3,生成此模拟的直方图。

第 4 章　乐透和组合数

彩票是一种非常普遍和流行的赌博类型。投注通常针对一个数字(或一组数字),这个数字是在一周一次或多次举行的特殊活动期间随机选择的。在大多数情况下,彩票中使用的随机化机制使得任何数字具有相同的出现概率,因此我们要处理的是等概率结果空间。在美国,通常由州政府管理彩票,它们产生的利润用于为公立学校和大学等公共项目提供补充资金;具体示例见 http://www.calottery.com/default.htm。

4.1　规则和投注

乐透(lotto)是一种极受欢迎的彩票变种。在最简单的版本中,玩家为票券支付固定价格(通常为 1 美元),并从较长的数字列表(42～90 之间的任何数字)中选择一些数字(通常为 5 或 6 个)。赢得的奖品取决于你选择的数字中与随机抽取的数字相匹配的数量(匹配数字越多,奖品越多)。为了降低运行彩票的组织的风险,奖金通常被设定为总收入的固定百分比(通常使用 50%-50%的分割,使这种类型的游戏成为极其糟糕的主张,至少与大多数赌场游戏相比)。赌场版的乐透,通常被称为基诺(keno),也广受欢迎,但比大多数国家彩票提供的版本更难获胜。

4.1.1　科罗拉多乐透

更具体地说,考虑一下科罗拉多彩票(http://www.coloradolottery.com/GAMES/LOTTO/)提供的“42 选 6”乐透彩票,每周抽奖两次(在周三和周六晚上)。这个游戏花费 1 美元参加,如果你匹配抽取的数字中的 3,4,5 或 6 个,那么游戏会分配其 50%的收入来支付奖励。我们想计算这 4 个奖项中每个奖项的获胜概率。

因为我们处理的是等概率空间，使用公式：

$$P(\text{获胜})=\frac{\text{使得你获胜的 6 个数字的组数}}{\text{(42 个数字中选)6 个数字的所有可能组数}}$$

先从获得大奖的概率开始(即，选择 6 个正确的数字)。在这种情况下，分子很容易确定；由于数字出现的顺序并不重要，因此只有一个数字组合可以让你获胜。

要弄清楚分母是什么，从使用乘法规则开始。我们需要无替换地选择 6 个数字(即数字不能重复)。因此，第一个数字有 42 个选择，第二个数字有 41 个选择，第三个数字有 40 个选择，依此类推。这意味着，作为第一个近似值，我们有：

$$\begin{aligned}\text{6 个数字的所有可能组数}&=42\times41\times40\times39\times38\times37\\&=3\,776\,965\,920\end{aligned}$$

该数字被称为从 42 个对象中一次选取 6 个对象的排列数(permutation)，并表示为${}_{42}P_6$。此数字也可以计算为

$$\begin{aligned}{}_{42}P_6&=\frac{42\times41\times40\times39\times38\times37\times36\times35\times\cdots\times1}{36\times35\times\cdots\times1}\\&=\frac{42!}{(42-6)!}\end{aligned}$$

其中，$n!=n\times(n-1)\times(n-2)\times\cdots\times3\times2\times1$ 读作 n 的阶乘(规定 $0!=1$)。

在计算排列数时，我们隐含地假设数字出现的顺序很重要。也就是说，我们假设序列{18,4,16,32,44,37}和{16,32,44,4,18,37}是不同的。然而，出于乐透游戏的目的，这两个序列实际上是相同的。为了进行调整，我们需要计算出 6 个数字的不同排序数量。同样，我们可以使用乘法规则：我们需要用 6 个数字填充 6 个点，因此第一个数字有 6 个选项，第二个数字有 5 个选项，依此类推。因此，6 个数的排序总数是${}_6P_6=6\times5\times4\times3\times2\times1=720$。

由于我们之前的计算是将 6 个数字的每个不同组合计数了 720 次，只需将${}_{42}P_6=3\,776\,965\,920$(排列很重要的子集数量)除以我们可以排序 6 位数的总方式数(($ {}_6P_6$)=720)：

$$\begin{aligned}\text{6 个数字的所有可能组数(忽略顺序)}&=\frac{42\times41\times40\times39\times38\times37}{6\times5\times4\times3\times2\times1}\\&=5\,245\,786\end{aligned}$$

以及完全匹配 6 个中奖号码的概率：

$$P(\text{获得一等奖})=\frac{1}{5\,245\,786}\approx0.000\,000\,190\,63$$

注意，42 个数字选 6 个的可能组数的整个计算可以写成：

$$\frac{42\times41\times40\times39\times38\times37}{720}$$
$$=\frac{42\times41\times\cdots\times3\times2\times1}{(36\times35\times\cdots\times3\times2\times1)(6\times5\times\cdots\times2\times1)}$$
$$=\frac{42!}{36!\times6!}$$

该数量称为从 42 个元素中一次选取 6 个的组合数(combination),并表示为

$$\binom{42}{6} \quad \text{或者} \quad {}_{42}C_6$$

读作 42 选 6。

前面讨论的结果可以扩展到需要从 n 个中选择 m 个对象的情况。

> 从总共 n 个选项中选择 m 个有序对象的方式的数量由排列数给出:
>
> $${}_nP_m=\frac{n!}{(n-m)!}$$
> $$=\frac{n\times(n-1)\times(n-2)\times\cdots\times2\times1}{(n-m)\times\cdots\times2\times1}$$

> 在特殊情况下,我们对 n 个对象的排序方式感兴趣,这减少到:
>
> $${}_nP_n=n!=n\times(n-1)\times(n-2)\times\cdots\times2\times1$$

> 从总共 n 个选项中选择 m 个无序对象的方式的数量由组合数(有时称为二项式系数)给出:
>
> $${}_nC_m=\binom{n}{m}=\frac{n!}{(n-m)!m!}$$
> $$=\frac{n\times(n-1)\times(n-2)\times\cdots\times2\times1}{\{(n-m)\times\cdots\times2\times1\}\times\{m\times\cdots\times2\times1\}}$$

为了相信组合数的公式是正确的,请考虑一个简单的例子,我们想要枚举所有可能的选择。特别是,计算 $\binom{6}{3}$,即在不重复的情况下从 6 个数字中选择 3 个数字的方式的数量。上面的公式说明了:

$$\binom{6}{3}=\frac{6!}{3!\times3!}=\frac{6\times5\times4\times3\times2\times1}{(3\times2\times1)\times(3\times2\times1)}=20$$

这可以通过明确枚举所有可能的选项来验证(参见表 4.1)。侧边栏 4.1 和 4.2 讨论了如何使用 R 来枚举和计算排列数和组合数。

表 4.1　从 6 个数字中选择 3 个的所有可能组合(如果数字顺序不重要的话)

1,2,3	1,3,4	1,4,6	2,3,6	3,4,5
1,2,4	1,3,5	1,5,6	2,4,5	3,4,6
1,2,5	1,3,6	2,3,4	2,4,6	3,5,6
1,2,6	1,4,5	2,3,5	2,5,6	4,5,6

侧边栏 4.1　R 中计算排列数

R 中的函数 factorial()为你提供了一个简单的方法去计算阶乘(惊喜!)。

```
> factorial(6)                  #6 != 6 * 5 * 4 * 3 * 2 * 1 = 720

[1] 720
```

虽然 R 没有一个特殊的函数来计算从 m 个元素中选取 n 个对象的排列数,但是你可以使用 factorial()和本章中的公式来实现相同的目标。例如,要计算${}_{42}P_6$,你可以这样做

```
> factorial(42)/factorial(36)     #n!/(n-m)!

[1] 3776965920
```

但是,你必须小心,因为当 n 和 m 很大时,这可能会失败。解决这个问题的一个技巧是使用 lfactorial()函数(直接计算阶乘的对数)和使用对数和指数的规则。例如,如果需要计算${}_{400}P_2 = 400 \times 399 = 159\ 600$,

```
> factorial(400)/factorial(398)     #失败

Warning in factorial(400): value out of range in 'gammafn'
Warning in factorial(398): value out of range in 'gammafn'

[1] NaN

> exp(lfactorial(400) - lfactorial(398))     #成功

[1] 159600
```

侧边栏 4.2　R 中计算组合数

R 确实提供了一个专门的函数 choose()来计算从 n 个元素中取出 m 个对象的组合数。例如，$\binom{42}{6}$可以计算为

```
> choose(42,6)

[1] 5245786
```

虽然我们知道如何计算组合(和排列)的数量，但有时候更进一步完全枚举它们可能会有用。prob 包提供了 urnsamples 函数，正好能完成这个工作。例如，要枚举从 5 个元素中取 3 个对象的所有组合(有 10 个)：

```
> library(prob)        #记住先加载库
> elem = seq(1,5)
> urnsamples(elem, size = 3, replace = FALSE, ordered = FALSE)
   X1  X2  X3
1   1   2   3
2   1   2   4
3   1   2   5
4   1   3   4
5   1   3   5
6   1   4   5
7   2   3   4
8   2   3   5
9   2   4   5
10  3   4   5
```

urnsample 的第一个参数定义了可选择元素的集合(本例中，即 1～5 之间的数字)。第二个元素是子组的大小(本例中为 3)，后两个参数控制元素是否可以重用(可重用例子中，replace 应该为 TRUE)以及顺序是否重要(顺序重要的例子中，order 也应该为 TRUE)。

现在继续计算赢得二等奖的概率，即恰好匹配 6 个数字中的 5 个。分母与之前相同，因此我们不需要重复计算。对于分子，我们需要从抽中的 6 个数字中选出 5 个数字，而第六个数字需要从 36 个未获胜的数字中寻找。所以分子是：

$$\binom{6}{5}\times 36=\frac{36\times 6!}{(6-5)!\times 5!}=\frac{36\times 6\times 5!}{1\times 5!}=216$$

且概率是：

$$P(\text{获得二等奖})=\frac{\binom{6}{5}\times 36}{\binom{42}{6}}=\frac{216}{5\ 245\ 786}\approx 0.000\ 041\ 176$$

类似的论证适用于三等奖(从 6 个数字中选择 4 个)。对于恰好匹配 4 个数字的组合数量,我们需要首先从 6 个中奖号码中选择 4 个,然后在剩余的 36 个非中奖号码中选择 2 个号码。因此,

$$P(\text{获得三等奖})=\frac{\binom{6}{4}\binom{36}{2}}{\binom{42}{6}}=\frac{9450}{5\ 245\ 786}\approx 0.001\ 801\ 4$$

最终,对于四等奖(从 6 个数字中选择 3 个)我们有：

$$P(\text{获得四等奖})=\frac{\binom{6}{3}\binom{36}{3}}{\binom{42}{6}}=\frac{142\ 800}{5\ 245\ 786}=0.027\ 222$$

以下代码可用于模拟科罗拉多乐透(Colorado Lotto)的结果并估算三等奖和四等奖的概率(有关如何使用 R 进行不放回采样,请参阅侧边栏 4.3)。

```
> outspc = seq(1,42)
> yourticket = sample(outspc, 6, replace = FALSE)
> n = 200000
> numberofmatches = rep(0, n)
> for(i in 1:n){
    + draw = sample(outspc, 6, replace = FALSE)
    +   matches = (draw % in % yourticket)
    + numberofmatches[ i] = sum(matches)
+}
> sum(numberofmatches == 4)/n          #三等奖

[1] 0.001855

> sum(numberofmatches == 3)/n      #四等奖

[1] 0.026755
```

侧边栏 4.3　R 中不放回采样

理解放回和不放回采样的最佳方法是考虑从瓮中顺序抽取不同的球。当我们有放回采样时，每个球在被检查后会被放回瓮中。因此，已经抽取的球可能会在随后的抽取中再次出现。另一方面，在不放回的情况下进行采样时，球在被取出后会被丢弃，因此将来不会再出现。扔骰子是有放回采样的一个示例：第一次扔骰子时出现六不会阻止你第二次扔出六。另一方面，从牌堆中抽取多张牌，你进行的便是不放回采样，因为同一张牌不能出现两次。

在前面的章节中，我们的示例仅涉及在有放回的情况下进行采样的情况，我们使用函数 sample()且选项 replace＝TRUE 来生成随机样本。相反，使用选项 replace＝FALSE，我们可以运行模拟程序进行不放回采样。

```
> sample(seq(1,10), 6, replace = TRUE)          #数字可重复
[1] 3 6 3 8 2 9
> sample(seq(1,10), 6, replace = FALSE)         #不可重复
[1] 5 6 4 9 3 7
```

如下面的错误所示，当使用不放回采样时，样本的大小不能大于样本空间中的项目数。

```
> sample(seq(1,10), 12, replace = FALSE)

Error in sample.int(length(x), size, replace, prob):
cannot take a sample larger than the population when
'replace = FALSE'
```

4.1.2　加利福尼亚超级乐透

现在分析加利福尼亚州彩票提供的超级乐透游戏。在乐透的这个变种中，挑选了 6 个数字；前 5 个在 1～47 之间选择，第 6 个数字(称为 Mega)在 1～27 之间选择。注意，因为 Mega 是与其他 5 个数字分开抽取的，所以它可能等于其他 5 个数字中的某一个。一等奖授予与所有 6 个号码相匹配的票券，其他奖项由前 5 个号码中匹配的数量，以及 Mega 是否也匹配决定。

加利福尼亚超级乐透(California Superlotto)中的不同票券的数

量是：

$$超级乐透不同票券的数量=\binom{47}{5}\times 27=41\,416\,353$$

其中第一项对应于从 47 个数字中选择 5 个的方式的数量，而第二项对应于可以选择 Mega 号码的方式的数量。因此，赢得一等奖的概率是：

$$P(获得一等奖)=\frac{1}{41\,416\,353}$$

超级乐透的二等奖是颁发给那些匹配前 5 个获胜数字，但没有正确匹配 Mega 数字的票券。使用乘法规则，这个数字即：

$$P(5个匹配但是Mega不匹配)=\frac{\overbrace{1}^{前5个正确的数字}\times\overbrace{26}^{不是Mega的数字}}{\binom{47}{5}\times 27}=\frac{26}{41\,416\,353}$$

三等奖颁发给与 Mega 号码和前 5 个数字中的 4 个相匹配的票券。使用与前面示例类似的推理：

$$P(5个中4个匹配且Mega匹配)=\frac{\overbrace{\binom{5}{4}}^{5个数字中选出4个正确的方式}\times\overbrace{42}^{剩余数字中选出第5个数字的方式}\times\overbrace{1}^{选出Mega的方式}}{\binom{47}{5}\times 27}=\frac{210}{41\,416\,353}$$

与其他奖项相关联的概率可以以类似的方式计算(例如，见练习 10)。

4.2 分享利润：De Méré 的第二个问题

组合数可以用来回答 Chevalier De Méré 最初向帕斯卡提出的另一个问题。这个问题围绕着如何在一系列游戏无法完成时分割投注的程序。例如，假设 John 和 Monica 正在打赌两支球队之间一系列七场比赛的结果(如美国职业棒球大联盟的系列赛)。同时，假设两队势均力敌(因此，在他们开始比赛之前，七场比赛的所有可能序列都是同样可能的)，John 和 Monica 都在他们各自支持的球队下注 10 美元，并且第一支赢得四场比赛的队伍,令它的粉丝获得整个奖金池(20 美元)。在打了四场比赛之后,Monica 的球队赢了三场,而 John 的球队只赢了一场。如果比赛必须被取消,他们应该如何拆分 20 美元的奖金池?

一个可能的答案是均匀地划分奖金,好像从未下过赌注。然而,Monica(理所当然地)认为,由于她的球队赢得了更多的比赛,她也应该获得更大份额的奖金。问题是,她的份额应该有多大?

要回答这个问题,我们首先需要计算 Monica 的球队在 John 获胜两场之前赢得第四场比赛的概率。由于空间是等概率的,我们如何进入当前状态的确切历史并不重要(即,在前四场比赛中谁赢了第几场并不重要,只要让 Monica 的球队赢得三胜一负即可)。因此,我们可以说历史是

L W W W ___ ___ ___

其中 W 表示 Monica 的球队获胜,L 表示失败,而下划线对应于与最后三场比赛相关的未知结果。现在,让我们考虑未来。由于我们通常会在其中一支球队达到四场胜利后停止比赛,因此有四种方式可以让系列赛结束。

历史	赢家
L W W W W	Monica
L W W W L W	Monica
L W W W L L W	Monica
L W W W L L L	John

现在,一个诱人的论调是,由于这四种未来中有三个导致 Monica 赢得赌注,因此她的队伍获胜的概率是 3/4。然而,这并不完全正确,因为上述四个结果不具备等概率。实际上,七个字符的整个序列才是等概率的!因此,我们需要考虑以 L W W W 开头的七个字符的所有可能序列(共有 8 个):

历史	赢家
L W W W W W W	Monica
L W W W W L W	Monica
L W W W W W L	Monica
L W W W W L L	Monica
L W W W L W W	Monica
L W W W L W L	Monica
L W W W L L W	Monica
L W W W L L L	John

请注意,前七个意味着 Monica 赢得了赌注(前四个对应于 Monica 的球队赢得了系列赛的第五场比赛,接下来的两个对应于 Monica 的球队输

掉了第五个但赢得了第六个，而倒数第二个对应于 Monica 的球队输掉了第五场和第六场比赛但赢得了第七场比赛)，而只有最后一场比赛意味着 Monica 将失去赌注。因此，她获胜的概率是 7/8＝0.875 而不是 3/4＝0.75！

和以前一样，我们可以使用简单的模拟程序来说服自己这个推理是正确的：

```
> n = 10000
> outspc = c("W", "L")              #从 Monica 的角度
> gameres = matrix(0, nrow = n, ncol = 3)
> for(i in 1:n){
      + gameres[i,] = sample(outspc, 3, replace = TRUE)
+}
> numwins = rowSums(gameres == "W")
> sum(numwins >= 1)/n               #Monica 需要一场或更多的胜利

[1] 0.8724
```

一旦计算出 Monica 将获胜的概率，就可以回到对公平游戏的定义，并计算 Monica 在奖金池中的份额，作为 Monica 的预期利润：

$$E(\text{Monica 的支付})=20\times\frac{7}{8}+0\times\frac{1}{8}=17.5$$

然而 John 的份额应该是

$$E(\text{John 的支付})=20\times\frac{1}{8}+0\times\frac{7}{8}=2.5$$

(注意两边加起来应该是 20 美元)。

该结果可以推广。假设在游戏的当前状态下，John 需要赢得 n 场比赛以赢得赌注，而 Monica 需要赢得其中的 m 个。在上面的例子中，$n=3,m=1$。然后，我们需要考虑额外的 $n+m-1$ 轮游戏(在我们的例子中，我们认为 $3+1-1=3$)。对于 $n+m-1$ 轮游戏，有 2^{n+m-1} 种可能的不同结果(在我们的例子中 $2^3=8$)，其中：

$$\binom{n+m-1}{m}+\binom{n+m-1}{m+1}+\cdots+\binom{n+m-1}{n+m-1}$$

种可能中 Monica 会成为获胜者。在上面的总和中，第一项对应于未来 $n+m-1$ 轮游戏中 Monica 正好赢得了 m 轮的结果序列的数量(它需要获得完整底池的最小值)，第二项对应于她刚好赢得 $m+1$ 场比赛的序列数量，依此类推。根据之前的结果，我们可以得到 Monica 赢得赌注的概率：

$$P(\text{Monica 赢得赌注})=\frac{\binom{n+m-1}{m}+\binom{n+m-1}{m+1}+\cdots+\binom{n+m-1}{n+m-1}}{2^{n+m-1}}$$

顺便说一句，请注意，如果 $n=m$(即两个队伍在系列赛停止时打平)那么

$$P(\text{Monica 赢得赌注})=\frac{1}{2}$$

这意味着奖金池应该均匀分割(正如我们预期的那样，假设球队势均力敌)。

4.3　习题

1. 一名摄影师坐在 10 人一排的队伍中拍照，可以使用多少种不同的座位安排?

2. 8 匹马(Alabaster，Beauty，Candy，Doughty，Excellente，Friday，Great One，以及 High'n Mighty)参加比赛。前三名的出现方式有多少种?

3. 统计班有 30 名学生。从中选择一个由 5 人组成的团队，可以组建多少个不同的团队?

4. 在圆桌周围安置 5 个人有多少种方式?

5. 在赌场的基诺(keno)中，玩家从 80 个数字中选出 10 个。如果她能匹配所有 10 个数字，那么她将赢得一等奖。在这场比赛中获得一等奖的概率是多少?如何与赢得科罗拉多乐透的概率相比较(使用发生比来比较结果并解释它)?

6. 佛罗里达乐透是在佛罗里达州提供的彩票；当你从 53 个数字列表中获得 6 个中奖号码时，将获得一等奖。赢得一等奖的概率是多少?如果你获得 6 个中奖号码中的 5 个就能赢得二等奖，那么获得二等奖的概率是多少?

7. 如果购买 100 张彩票，赢取佛罗里达乐透一等奖的概率是多少?(假设每张票都有不同的数字组合。)

8. 对于纽约州彩票，如果从 59 个号码列表中获得 6 个中奖号码，则赢得一等奖。计算赢得此彩票的概率。获得三等奖是获得 6 个中奖号码中的 4 个，同样请计算该奖项的概率。

9. 如果购买 100 张彩票，赢得最后一次抽奖的概率是多少?如果每张票价 1 美元，你对这种情况的期望利润是多少?

10. 在加州超级乐透中赢得四等奖的概率是多少?四等奖是匹配到 5 个数字中的 4 个但是错过了 Mega 的彩票。

11. 想象一下,加州超级乐透被更改,出现了第二个 Mega 号码(从选出第一个 Mega 号码的相同的 26 个号码列表中选择),如果玩家获得 5 个中奖号码,以及第一个 Mega 号码和第二个 Mega 号,那么获得一等奖。在新彩票中获得一等奖的概率是多少?这个奖项比实际的加州超级乐透更难或更容易获胜吗?

12. 在加利福尼亚乐透,获得 5 个中奖号码中的任何 3 个和 Mega 的概率是多少?

13. 在超级乐透中,如果获得 5 个中奖号码中的 4 个和 Mega 号码,可以获得奖项,但如果只获得 5 个中奖号码中的 4 个并且错过了 Mega 号码,也会得到奖项。两个奖项中哪一个获胜的概率较高?

14. 哪个更有可能:获得 5 个中奖号码中的 3 个和 Mega 号码,或获得 5 个中奖号码中的 4 个?

15. [R] 能列出从 1 到 6 的数字列表中选出 3 个数字的所有组合吗?使用 R 检查列表。

16. [R] 修改模拟科罗拉多乐透的 R 代码,以便估算加州超级乐透的三等奖和四等奖的概率。

第5章　蒙蒂·霍尔悖论与条件概率

蒙蒂·霍尔(Monty Hall)的问题基于美国电视游戏节目“Let's Make a Deal”,它以该节目的主持人Monty Hall命名。它被认为是一个悖论,因为结果看似荒谬,但可以证明是真实的。这个问题在1990年因出现在Marilyn von Savant的Parade Magazine专栏中而变得有名,并且在2004—2005年度的《数字追凶》(NUMB3RS)的最后一集以及2008年电影《决胜二十一点》的开幕场景中也有所体现。

5.1　蒙蒂·霍尔悖论

假设你参加一个比赛,你可以选择三扇门:其中一扇门后面有一辆车;剩余的门后面是山羊。你选了一扇门,比如说1号。主持人(Monty)知道每扇门后面是什么,但他却打开了另一扇门,比如说3号,背后有一只山羊。然后他给你机会重新选择另一个未开的门(在这个例子中是2号门)。你应该换门吗?

与直觉相反,在一些合理的假设下(主要是,当需要随机选择时,所有选项都以相同的概率选择),你最好换,因为你赢得汽车的概率增加了。要了解为什么这是真的,我们将使用树形图将游戏表示为一系列决策。在树形图中,树的每一层表示在给定时间点发生的一系列互斥事件。通过从树的根部跟踪树的不同分支,可以表示复杂实验中所有可能的结果。

蒙蒂·霍尔悖论涉及三组不同的事件:比赛的制作者需要决定哪扇门后隐藏汽车,参赛者(你)需要选择一扇门,最后Monty需要决定打开哪一扇门(其中隐藏着一只山羊,并且没有被你选中)。因此,这棵树最终有三层,我们将按顺序添加到树中。

考虑第一个选择。在比赛开始之前,制作人可以自由地将汽车放在三个门中的任何一个门后面。因为我们假设每个门都以相同的概率被选中，所以我们最终得到了图 5.1 中的树。每个分支旁边的数字对应于与每个可能结果相关联的概率。在这种情况下，每个分支的概率是 1/3，因为我们假设奖品以相同的概率位于每扇门的后面。

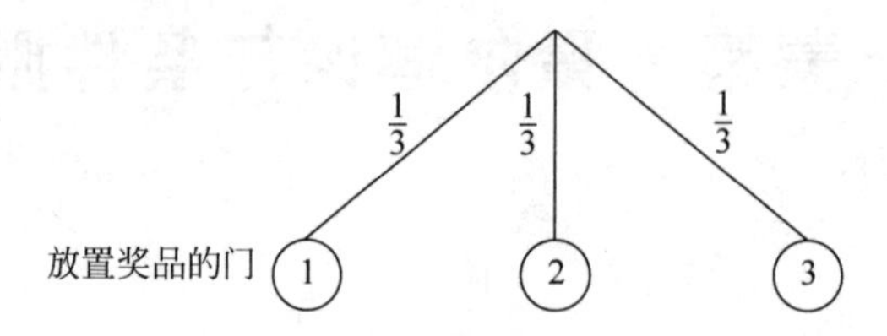

图 5.1 每个分支表示不同的决定，而 1/3 表示每个门被选中包含奖品的概率

现在，对于第二个决定，你不知道哪扇门后藏着汽车，因此你也可以自由地选择三个门中的任何一个。同样，假设你以相同的概率选择每扇门，从而得到了图 5.2 中的表示。

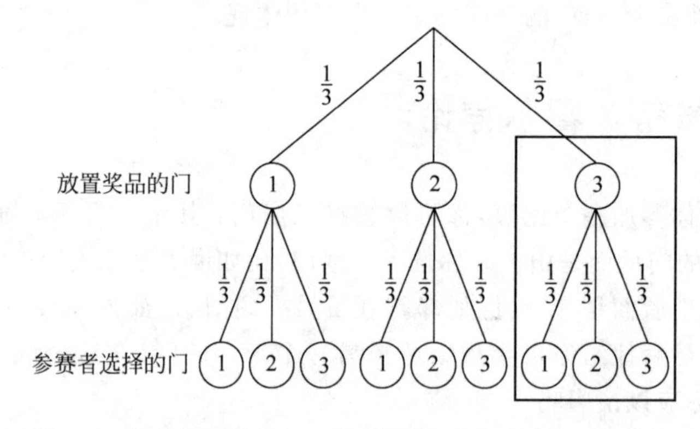

图 5.2 树结构现在多了一层，代表参赛者的决定以及每个决定成为所选决策的概率

作为乘法规则的结果，如果沿着树的分支，可以通过将相应的概率相乘来获得与任何门的组合相关联的概率。因此，在这种情况下，任何组合具有相同的概率 1/9。

现在考虑一下 Monty 的决定：与之前的决定不同，他的选择受到制作人和你，即参赛者的选择的影响。为了简化说明，只考虑汽车在 1 号门后面的分支。如果你选择的门是 2 号或 3 号，那么 Monty 能打开的门就只有一个选择(他不能打开有汽车的门，或者你选择的门)。另一方面，如果你选择了 1 号门，那么 Monty 便有两个选择(他可以打开 2 号门或 3 号门)，从我们原来的描述，他打开剩余每扇门的概率相同。图 5.3 显示了与这些决策相关的子树。

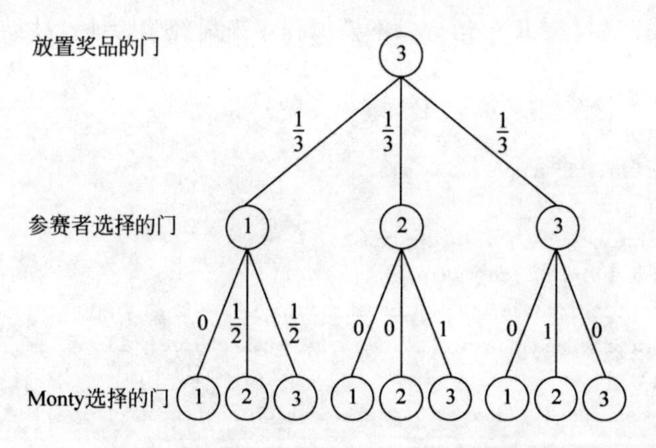

图 5.3　假设奖品在 1 号门后面 Monty 考虑开哪扇门时的决策树

如果奖品位于 2 号门或 3 号门后面，则类似的推论同样适用。这导致 12 条可能的路径具有非零概率，如表 5.1 所示(注意所有概率的总和等于1)。在这 12 条路径中，有 6 条(表中阴影部分的路径)对应于你通过改变选择可以获胜的路径。如果我们将这 6 个值相加(分支对应于互斥事件)，得到

$$P(\text{如果改变选择能够赢得汽车})=\frac{1}{9}+\frac{1}{9}+\frac{1}{9}+\frac{1}{9}+\frac{1}{9}+\frac{1}{9}=\frac{2}{3}$$

这表明玩家更换选择是有益的。

表 5.1　如果蒙蒂问题中的选手更换门获胜的概率

有奖品的门	玩家选择的门	Monty 打开的门	此情况的概率
1	1	2	1/18
1	1	3	1/18
1	2	3	1/9
1	3	2	1/9
2	1	3	1/9
2	2	1	1/18
2	2	3	1/18
2	3	1	1/9
3	1	2	1/9
3	2	1	1/9
3	3	1	1/18
3	3	2	1/18

注：阴影显示的几行对应于玩家通过切换门能够获胜的场景。

你可以通过在 R 中运行以下模拟程序来凭经验验证这些结果：

```
> door = seq(1,3)
> n = 10000
> winifswitch = rep(FALSE, n)
> for(i in 1:n){
+   prizelocation = sample(door, 1)
+   contestantchoice = sample(door, 1)
+   if(prizelocation == contestantchoice){
+     dooropened = sample(door[ - contestantchoice], 1)
+   }else{
+     dooropened = door[ - c(prizelocation, contestantchoice)]
+   }
+   doorifswitch = door[ - c(dooropened, contestantchoice)]
+   winifswitch[i] = (doorifswitch == prizelocation)
+ }
> sum(winifswitch)/n

[1] 0.6707
```

5.2 条件概率

蒙蒂·霍尔问题的解决方案说明了条件概率的概念。条件概率仅仅反映了这样一个事实，即事件的概率可能取决于我们对过去是否已经发生过其他事件的了解。例如，在 Monty 打开门之前赢得蒙蒂·霍尔问题(即选择隐藏汽车的门)的概率是 1/3。然而，一旦 Monty 打开一扇门，获胜的可能性就会发生变化。之所以发生这种情况，是因为我们从 Monty 打开一扇门的事实中学到了一些关于结果空间的东西。

条件概率涉及两个事件；在上面的例子中我们有：

$$A=\{\text{赢得汽车}\} \quad \text{和} \quad B=\{\text{切换选择的门}\}$$

我们感兴趣的是计算 A 的概率，如果 B 已经发生(即，如果你换门，你赢得汽车的概率)，我们将此表示为 $P(A|B)$。这个表达式也被读作“A 给定 B 的概率”或“A 对 B 的条件概率”。与我们想要计算的概率(在这种情况下，即事件 A，或赢得汽车)不同，我们依赖的条件事件(在这种情况下，即事件 B，切换门)不是随机的；B 是我们假设发生的事件。因此，一般而言 $P(A|B)\neq P(B|A)$。事实上，很容易将一个事件对另一个事件的条件概率与这些事件的联合概率混淆。回想一下，A 和 B 的联合

概率,表示为 $P(A\cap B)$,描述了 A 和 B 同时发生的概率。在这种情况下,两个事件都是随机的(我们不知道它们是否已经发生),并且我们有 $P(A\cap B)=P(B\cap A)$。

为了进一步说明联合概率和条件概率之间的区别,考虑检查吸烟与肺癌之间的关系。更具体地说,让我们想象一下,我们采访了 1000 个人并询问他们是否曾经吸烟,以及他们是否患过肺癌(表 5.2 中列出了一项此类研究的结果)。令

$$S=\{\text{随机选择的人抽烟}\}$$

$$C=\{\text{随机选择的人患过肺癌}\}$$

表 5.2　研究抽烟和肺癌的关系

	得肺癌	没得肺癌
抽烟	20	180
不抽烟	50	750

我们可能想知道随机选择的人既吸烟又患肺癌的概率是多少。这样就涉及 S 和 C 的联合概率 $P(S\cap C)$。利用概率的频率解释,将肯定地回答两个问题的人数除以被访问的总人数来估计 $P(S\cap C)$。因此,

$$P(S\cap C)=\frac{20}{20+180+50+750}=0.02$$

我们可以看到,这种可能性很小。另一方面,我们也可以问吸烟者患肺癌的概率是多少,即 $P(C|S)$。显然,如果您想决定是否要戒烟,这是最相关的问题。请注意,在这种情况下,该人是否抽烟没有任何随机性:我们知道他或她吸烟。所以,我们需要计算 $P(C|S)$,只需要看看吸烟者中患癌症的人,即

$$P(C|S)=\frac{20}{20+180}=0.1$$

注意 $P(S\cap C)$和 $P(C|S)$是根本不同的。此外,如果我们定义 $\bar{S}=\{\text{一个随机选择的人不吸烟}\}$,我们可以计算 $P(C|\bar{S})$,如果你不吸烟那么患癌症的概率,

$$P(C|\bar{S})=\frac{50}{50+750}=0.0625$$

所有这些计算表明,吸烟者比不吸烟者患肺癌的可能性大约高一倍半(因为 $P(C|S)/P(C|\bar{S})=1.6$)。此外,注意 $P(C|S)+P(C|\bar{S})\neq 1$,但 $P(C|S)+P(\bar{C}|S)=1$。尽管联合和条件概率是不同的概念,但它们之间存在联系,

事件 A 给定事件 B 的条件概率可以按下式计算

$$P(A|B)=\frac{P(A\cap B)}{P(B)}$$

或等价地有

$$P(A\cap B)=P(A|B)P(B)$$

在为蒙蒂·霍尔问题构建决策树时，隐含地使用了第二个公式。事实上，树的分支中的概率都是给定树中先前事件的条件概率。例如，如果定义事件

$$A_1=\{制作人将汽车放在门1后面\}$$

$$B_1=\{参赛者选择门1\}$$

$$C_2=\{\text{Monty 打开了门 2}\}$$

然后，第一个分支代表 $P(A_1)=1/3$，而 $P(B_1|A_1)=1/3$，$P(C_2|B_1\cap A_1)=1/2$。使用这些值，计算了分支中所有事件的联合概率，即所有3个值的乘积(如公式所示)：

$$P(A_1\cap B_1\cap C_2)=P(C_2|B_1\cap A_1)P(B_1|A_1)P(A_1)$$

5.3 独立事件

在前几章中，特别是在讨论轮盘赌时，非正式地使用“**独立**”一词来限定一些实验，这些实验中一项试验的结果不会影响另一项试验的结果。条件概率可用于形式化表述**独立**的概念。

独立事件

我们说两个事件 A 和 B 是独立的，如果

$$P(A|B)=P(A)$$

则意味着

$$P(A\cap B)=P(A)P(B)$$

直观地，如果 B 是否发生不影响 A 发生的概率，则两个事件是独立的。为清楚阐述这一概念，再次考虑蒙蒂·霍尔问题。在那种情况下，参赛者对门的选择独立于制作者的选择。然而，Monty 的决定并不独立于制作人和参赛者的决定，这是产生悖论的原因。

在涉及吸烟和肺癌的例子中，可以看到癌症和吸烟并不是独立的：

因为 $P(C\cap S)=0.02$，而且 $P(C)=\frac{20+50}{1000}=0.07$，$P(S)=\frac{20+180}{1000}=0.2$，然后有 $P(C)P(S)=0.014\neq P(C\cap S)$。

独立性的一个结果是随机变量的期望和方差的公式简化了。

如果 X 和 Y 是独立随机变量，且 a 和 b 是两个常数(非随机数)，那么

$$E(XY)=E(X)E(Y)$$

$$V(aX+bY)=a^2V(X)+b^2V(Y)$$

5.4　贝叶斯理论

如前所述，条件概率不是对称的，即通常 $P(A|B)\neq P(B|A)$。但是，这两个量是相关的。实际上，由于 $P(A\cap B)=P(A|B)P(B)$ 和 $P(A\cap B)=P(B|A)P(A)$，我们有

贝叶斯理论

对于任意两个事件 A 和 B，

$$P(A|B)=\frac{P(B|A)P(A)}{P(B)}$$

当 $P(B)$ 未知时，我们可以从 $P(B|A)$，$P(B|\bar{A})$，$P(A)$ 和 $P(\bar{A})$ 计算它。图5.4说明了事件 B 如何分为两部分，$B\cap A$ 和 $B\cap\bar{A}$。利用这种分解，我们获得了以下表述：

全概率定律

对于任意两个事件 A 和 B，

$$P(B)=P(B\cap A)+P(B\cap\bar{A})=P(B|A)P(A)+P(B|\bar{A})P(\bar{A})$$

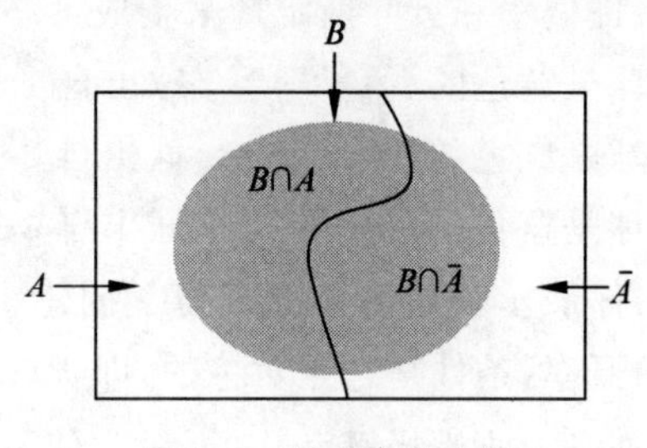

图5.4　划分事件空间

贝叶斯理论(另一种形式)

对于任意两个事件 A 和 B,

$$P(A|B)=\frac{P(B|A)P(A)}{P(B)}=\frac{P(B|A)P(A)}{P(B|A)P(A)+P(B|\bar{A})P(\bar{A})}$$

将其代入贝叶斯理论,可以得到贝叶斯定理的略微泛化版本,涉及具有两个以上选择的空间的更一般划分。

一般替代形式

对于任何事件 B 和 $A_1,A_2,\cdots,A_k$,使得 $A_1,A_2,\cdots,A_k$ 形成一个具备所有可能结果的空间划分,

$$P(A_i|B)=\frac{P(B|A_i)P(A_i)}{P(B)}=\frac{P(B|A_i)P(A_i)}{P(B|A_1)P(A_1)+\cdots+P(B|A_k)P(A_k)}$$

贝叶斯定理特别有用,因为在很多情况下我们可能会对 $P(A|B)$ 感兴趣,但计算 $P(B|A)$ 要容易得多。例如,假设你在玩下面的游戏,我们称之为**瓮之战**(game of urns)。有三个瓮:

- 1 号瓮包含 2 个蓝球,2 个红球和 2 个黄球。
- 2 号瓮包含 3 个蓝球和 2 个红球。
- 3 号瓮包含 2 个蓝球和 4 个黄球。

庄家(dealer)随机且秘密地挑选一个瓮,并从中随机且均匀地抽出一个球。然后庄家将球展示给你,并要求你决定该球出自哪一个瓮。如果你选择了正确的瓮,你可以拿回赌注并赢得 1 美元。否则,你会输掉赌注。问题是,你应该怎么玩?

显然,你的答案应该取决于出现的颜色。例如,你不需要成为概率论专家就会发现,如果你观察到一个黄球,你就不应该选择 2 号瓮(它不包含任何黄色的球!)。然而,直觉在决定是选择 1 号瓮还是 3 号瓮时不太有用。

我们可以使用条件概率和贝叶斯定理来生成策略。令

$Y=\{$球是黄色的$\}$, $U_1=\{$球出自 1 号瓮$\}$

$R=\{$球是红色的$\}$, $U_2=\{$球出自 2 号瓮$\}$

$B=\{$球是蓝色的$\}$, $U_3=\{$球出自 3 号瓮$\}$

首先考虑庄家向你展示黄球的情况。为了创建一个策略,我们需要计算球来自每个瓮的概率,条件是它是黄色的,即 $P(U_1|Y)$,$P(U_2|Y)$ 和 $P(U_3|Y)$。然后,最优的策略即选择概率最高的瓮。使用贝叶斯定理,我们有

$$P(U_1|Y)=\frac{P(Y|U_1)P(U_1)}{P(Y|U_1)P(U_1)+P(Y|U_2)P(U_2)+P(Y|U_3)P(U_3)}$$

$$P(U_2|Y)=\frac{P(Y|U_2)P(U_2)}{P(Y|U_1)P(U_1)+P(Y|U_2)P(U_2)+P(Y|U_3)P(U_3)}$$

$$P(U_3|Y)=\frac{P(Y|U_3)P(U_3)}{P(Y|U_1)P(U_1)+P(Y|U_2)P(U_2)+P(Y|U_3)P(U_3)}$$

(注意,所有三个表达式的分母是相同的,并且它对应于 $P(Y)$,因为三个事件 U_1,U_2 和 U_3 形成了一个所有可能事件的划分)。

因为庄家随机均匀地挑选瓮,所以我们得到 $P(U_1)=P(U_2)=P(U_3)=1/3$。此外,$P(Y|U_1)=2/6=1/3$(因为 1 号瓮的 6 个球中有 2 个是黄球),$P(Y|U_2)=0$(因为在 2 号瓮中没有黄球),并且 $P(Y|U_3)=4/6=2/3$(因为 3 号瓮的 6 个球中有 4 个是黄球)。代入这些值我们有

$$P(U_1 \mid Y)=\frac{\frac{1}{3}\times\frac{1}{3}}{\frac{1}{3}\times\frac{1}{3}+0\times\frac{1}{3}+\frac{2}{3}\times\frac{1}{3}}=\frac{1}{3}$$

$$P(U_2 \mid Y)=\frac{0\times\frac{1}{3}}{\frac{1}{3}\times\frac{1}{3}+0\times\frac{1}{3}+\frac{2}{3}\times\frac{1}{3}}=0$$

$$P(U_3 \mid Y)=\frac{\frac{2}{3}\times\frac{1}{3}}{\frac{1}{3}\times\frac{1}{3}+0\times\frac{1}{3}+\frac{2}{3}\times\frac{1}{3}}=\frac{2}{3}$$

因此,如果看见一个黄球,那么最佳的策略就是选择 3 号瓮。顺便计算出了抽到黄球的概率。抽到黄球的概率即 $P(Y)=\frac{1}{3}\times\frac{1}{3}+0\times\frac{1}{3}+\frac{2}{3}\times\frac{1}{3}=\frac{1}{3}$。

相似的方法可以用在观察红球的例子中,

$$P(U_1 \mid R)=\frac{\frac{1}{3}\times\frac{1}{3}}{\frac{1}{3}\times\frac{1}{3}+\frac{2}{5}\times\frac{1}{3}+0\times\frac{1}{3}}=\frac{5}{11}$$

$$P(U_2 \mid R)=\frac{\frac{2}{5}\times\frac{1}{3}}{\frac{1}{3}\times\frac{1}{3}+\frac{2}{5}\times\frac{1}{3}+0\times\frac{1}{3}}=\frac{6}{11}$$

$$P(U_3 \mid R)=\frac{0\times\frac{1}{3}}{\frac{1}{3}\times\frac{1}{3}+\frac{2}{5}\times\frac{1}{3}+0\times\frac{1}{3}}=0$$

顺便发现 $P(R)=\frac{1}{3}\times\frac{1}{3}+\frac{2}{5}\times\frac{1}{3}+0\times\frac{1}{3}=\frac{11}{45}$。这意味着这个例子中最优的策略是猜测红球出自 2 号瓮。

最终，对于蓝球

$$P(U_1 \mid B)=\frac{\frac{1}{3}\times\frac{1}{3}}{\frac{1}{3}\times\frac{1}{3}+\frac{3}{5}\times\frac{1}{3}+\frac{1}{3}\times\frac{1}{3}}=\frac{15}{57}$$

$$P(U_2 \mid B)=\frac{\frac{3}{5}\times\frac{1}{3}}{\frac{1}{3}\times\frac{1}{3}+\frac{3}{5}\times\frac{1}{3}+\frac{1}{3}\times\frac{1}{3}}=\frac{9}{19}$$

$$P(U_3 \mid B)=\frac{\frac{1}{3}\times\frac{1}{3}}{\frac{1}{3}\times\frac{1}{3}+\frac{3}{5}\times\frac{1}{3}+\frac{1}{3}\times\frac{1}{3}}=\frac{15}{57}$$

其中 $P(B)=\frac{1}{3}\times\frac{1}{3}+\frac{3}{5}\times\frac{1}{3}+\frac{1}{3}\times\frac{1}{3}=\frac{19}{45}$，所以最佳策略仍然是猜测蓝球出自 2 号瓮。

可以使用全概率定律获得在最优策略下赢得该游戏的概率。图 5.5 显示了游戏的树形图。请注意，获胜的唯一方法是当一个蓝球出自 2 号

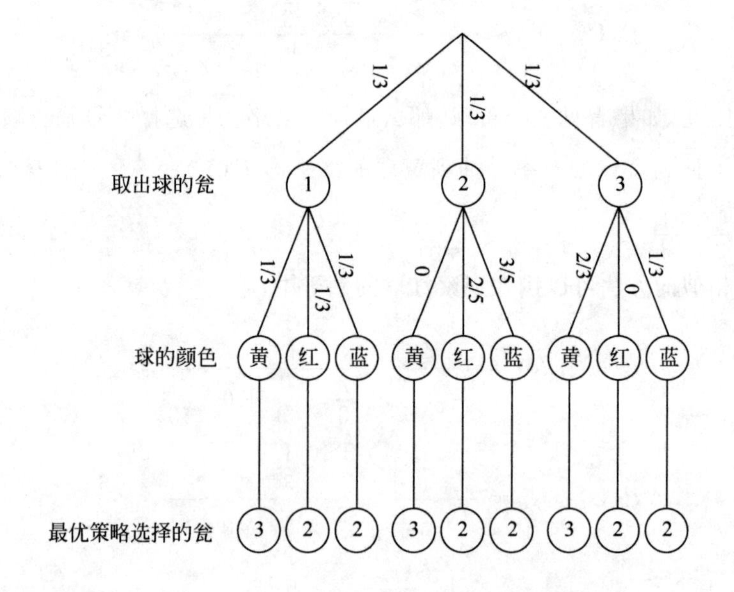

图 5.5 在最佳策略下瓮之战结果的树表示，得出黄球来自 3 号瓮，蓝球和红球来自 2 号瓮

瓮时(正确使用我们的策略)以及从第三个瓮中取出一个黄球(再次正确使用我们的策略)。因此，

$$P(\text{Win})=P(B|U_2)P(U_2)+P(R|U_2)P(U_2)+P(Y|U_3)P(U_3)$$

$$=\frac{3}{5}\times\frac{1}{3}+\frac{2}{5}\times\frac{1}{3}+\frac{4}{6}\times\frac{1}{3}=\frac{50}{90}\approx 0.5556$$

以下R代码模拟瓮之战,可用于检查以上推导是否正确。

```
> n = 10000
> urnspc = seq(1,3)
> colorpr = matrix(c(1/3,1/3,1/3,
+                 0, 2/5,3/5,
+                2/3, 0,1/3), nrow = 3, ncol = 3, byrow = T)
> balls = c("Y", "R", "B")
> colnames(colorpr) = balls
> urn          = rep(0,n)
> ballcolor    = rep(0,n)
> optimalcall    = rep(0,n)
> for(i in 1:n){
+   urn[i] = sample(urnspc,1)
+   ballcolor[i] = sample(balls, 1, replac = T,
+                 prob = colorpr[urn[i],])
+   if(ballcolor[i] == "Y"){
+       optimalcall[i] = 3
+   }else{
+     optimalcall[i] = 2
+   }
+ }
> sum(ballcolor == "Y")/n          #黄球的概率

[1] 0.3328

> sum(ballcolor == "B")/n          #蓝球的概率

[1] 0.4246

> sum(optimalcall == urn)/n       #以最优策略获胜的概率

[1] 0.5579
```

5.5 习题

1. 监狱中有三名被判处死刑的囚犯，其中一人将被秘密赦免。其中一名囚犯恳请监狱长告诉他另外两人中将被处决的人的姓名，他认为这没有透露他自己命运的信息，但却将被赦免的概率从 1/3 增加到了 1/2。如果提问的囚犯是被赦免的囚犯，监狱长（秘密地）掷硬币来决定提供哪个名字。监狱长的答案是否真的改变了提问的囚犯被赦免的机会？

2. 无知的 Monty：在蒙蒂·霍尔问题的一个变种中，Monty 不知道门后面是什么，并随意挑选一个打开。当他这样做时，他松了一口气因为它背后是一只山羊。请证明，在这种情况下，无论你是否改变选择都无关紧要。

3. [R] 写一个模拟，证实你对无知的 Monty 的计算。

4. 你面前有三个盒子：一个装有两枚金币的盒子，一个装有两枚银币的盒子，还有一个装有一枚金币、一枚银币的盒子。在随机选择一个盒子并随机取出一枚恰好是金币的硬币之后，另一枚硬币是金币的概率是多少？

5. 考虑下表给出两个随机变量的联合概率。两个事件 $X=2$ 和 $Y=5$ 是独立的吗？$X=2$ 和 $Y=1$ 时怎么样？

	$Y=1$	$Y=5$
$X=2$	0.25	0.25
$X=5$	0.25	0.25

6. 考虑下表给出两个随机变量的联合概率。两个事件 $X=0$ 和 $Y=0$ 是独立的吗？$X=0$ 和 $Y=2$ 时怎么样？

	$Y=0$	$Y=1$	$Y=2$
$X=0$	0.25	0.15	0.10
$X=1$	0.25	0.20	0.05

7. 当实验室测试你是否患某种疾病时（比如测试是否存在人类免疫缺陷病毒或 HIV），它可以产生阳性或阴性结果。后者意味着你体内没有病毒，前者意味着你的系统中存在病毒。这些测试具有**敏感**率（即，他们正确诊断患有该疾病的人的频率）和**特异**率（即，测试正确识别没有该病症的人的频率）。这些比率理想地接近 100%，但实际上，总是存在误报和漏报。换句话说，总有一种情况下，测试表明某人患有病毒，但实际

上他并没有，而测试表明某人身体系统中没有病毒，但实际上存在病毒。假设我们正在测试一项新的 HIV 检测结果，结果显示在以下 2×2 的表中。

	有 HIV 的病人	无 HIV 的病人
测试阳性的病人	10	1
测试阴性的病人	10	10 000

基于数据并使用频率论概率方法，回答以下问题：

(1) 一个人感染 HIV 的概率是多少？

(2) 测试正确诊断 HIV 存在的概率是多少(即测试的灵敏率是多少)？

(3) 测试的特异率是多少？

(4) 误报的比率是多少？

(5) 漏报的比率是多少？

(6) 就整个社会的有用性而言(记住这是一种传染病)，以下更有用的是：误报率较低或漏报率较低？

8. 考虑上述 HIV 测试的一个对比测试。其现场测试产生了以下数据。

	有 HIV 的病人	无 HIV 的病人
测试阳性的病人	9	2
测试阴性的病人	5	10 000

基于数据并使用频率论概率方法，回答以下问题：

(1) 计算 P(测试阳性|人有 HIV)。

(2) 计算 P(测试阴性|人没有 HIV)。

(3) 计算 P(测试阳性|人没有 HIV)。

(4) 计算 P(测试阴性|人有 HIV)。

(5) 哪两种测试更可取。

9. 计算本章末尾描述的瓮之战的公允价值。

10. 考虑一下瓮之战的变体：

- 1 号瓮包含 4 个蓝球，2 个红球和 1 个黄球。
- 2 号瓮包含 1 个蓝球，2 个红球和 2 个黄球。
- 1 号瓮包含 2 个蓝球，1 个蓝球和 3 个黄球。

在这种情况下，你的最佳策略是什么？这个游戏的公允价值是多少？

11. [R] 为上一个练习中的瓮之战写一个模拟程序。

第6章　花旗骰

花旗骰(craps)是赌场中最受欢迎的骰子游戏。该游戏已出现在多部电影中,包括 Ocean's Thirteen(2007),Snake Eyes(1998)和 Big Town(1987)。花旗骰游戏的数学分析在某些方面类似于轮盘赌(两种游戏都涉及独立的游戏轮次),但由于每轮都由两个具有不同规则的相互依赖的阶段组成,因此分析必须仔细。

6.1　规则和投注

在花旗骰中,你打赌的是两个骰子同时滚动的结果。游戏的一个吸引人的特点是,你既可以作为掷骰者(如果你是掷骰子的人),也可以作为旁观者(如果你是旁观者,通过支持或反对掷骰者投注)。与轮盘赌一样,玩家通过将筹码放在棋盘的相应部分来下注(见图 6.1)。表 6.1 列出了与每种结果相关的昵称。

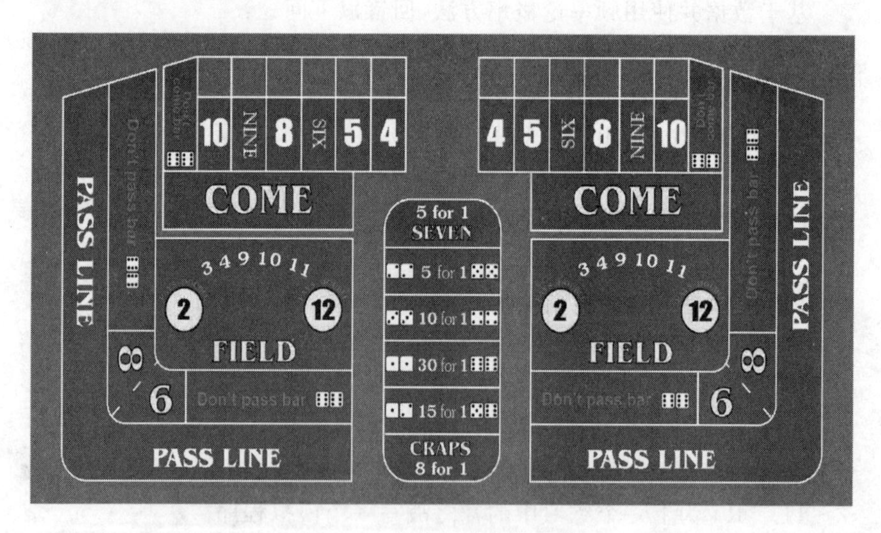

图 6.1　花旗骰赌桌的布局

表 6.1　花旗骰中不同骰子组合的名称

1	2	3	4	5	6
1 蛇眼	—	—	—	—	—
2 一两点	难四	—	—	—	—
3 简单四	五(热五)	难六	—	—	—
4 五(热五)	简单六	自然或七出局	难八	—	—
5 简单六	自然或七出局	简单八	九(尼娜)	难十	—
6 自然或七出局	简单八	九(尼娜)	简单十	哟(Yo-leven)	篷车或午夜

每轮花旗骰由两个阶段组成。第一阶段由一次投掷组成，称为出场掷，第二阶段(可能由多次投掷组成)称为点(point)。

6.1.1　过线投注

过线(也称为赢(win)或右(right))投注(pass line bet)是花旗骰中最基本的投注，并且掷骰者有义务进行下注以进行比赛。除了掷骰者之外，任何旁观者都可以参加过线投注。通常情况下，过线投注支付均衡赔率(回想一下，这意味着如果你获胜你可以拿回赌注加上与赌注相同的利润)。

过线投注的结果解析如下。如果出来的出场掷是 7 或 11(称为自然，natural)，那么过线投注自动获胜，并且该轮结束(在该情况下没有第二阶段)。类似地，如果出来的出场掷是 2，3 或 12，那么过线投注自动失败，并且轮次结束。以这种方式失败通常称为剔除(crapping out)。最后，如果出现任何其他数字(即，4，5，6，8，9 或 10)，那么该数字将成为点，并且我们进入该轮次的第二阶段。

当一个点建立时，游戏的目标会发生变化。掷骰者继续掷骰子，直到该点再次出现或者 7 出现。如果该点首先出现，则过线投注获胜。另一方面，如果 7 首先出现(称为七出)，那么过线投注失败。请注意，这与出场掷中的情况相反，其中 7 赢得了比赛。

让我们分析过线投注并计算花旗骰的庄家优势。首先，回想一下两个骰子的滚动有 36 个结果，只要骰子是公平的，它们都是等概率的(见表 6.2)。为了分析花旗骰，可以方便地将这 36 个结果分为 11 组，具体取决于它们的总和(见表 6.3)。

正如我们对蒙蒂 • 霍尔问题所做的那样，可以使用树来计算在花旗骰中获胜的概率(见图 6.2)。我们现在继续填写与树中每个分支相关联的概率。

表 6.2 投掷两个骰子相关联所有可能的等概率结果

1-1	2-1	3-1	4-1	5-1	6-1
1-2	2-2	3-2	4-2	5-2	6-2
1-3	2-3	3-3	4-3	5-3	6-3
1-4	2-4	3-4	4-4	5-4	6-4
1-5	2-5	3-5	4-5	5-5	6-5
1-6	2-6	3-6	4-6	5-6	6-6

表 6.3 两个骰子点数之和

骰子之和	实现和的方式列表	实现和的方式的数目
2	1-1	1
3	1-2,2-1	2
4	1-3,3-1,2-2	3
5	1-4,4-1,2-3,3-2	4
6	1-5,5-1,2-4,4-2,3-3	5
7	1-6,6-1,2-5,5-2,3-4,4-3	6
8	2-6,6-2,3-5,5-3,4-4	5
9	3-6,6-3,4-5,5-4	4
10	4-6,6-4,5-5	3
11	5-6,6-5	2
12	6-6	1

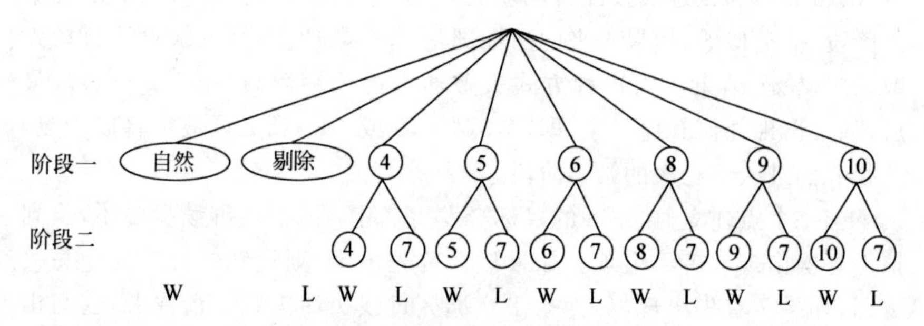

图 6.2 树形图表示花旗骰的可能结果。导致过线投注获胜的结果用 W 标记，而导致输掉的那些结果标记为 L

由于所有 36 个结果都是等概率的，因此很容易看出在出场掷中获得自然的概率(即，如果你进行过线投注，并在第一阶段获胜)仅等于：

$$
\begin{aligned}
P(\text{在第一阶段赢得过线投注}) &= P(\text{获得 7 或者 11}) \\
&= P(\text{获得 7}) + P(\text{获得 11}) \\
&= \frac{6+2}{36} = \frac{8}{36} = \frac{2}{9}
\end{aligned}
$$

相似地，我们能够计算出剔除的概率：

$$
\begin{aligned}
P(\text{剔除}) &= P(\text{获得 2 或者 3 或 12}) \\
&= P(\text{获得 2}) + P(\text{获得 3}) + P(\text{获得 12}) \\
&= \frac{1+2+1}{36} = \frac{4}{36} = \frac{1}{9}
\end{aligned}
$$

获得每个点的概率：

$$P(\text{点 4}) = \frac{3}{36} = \frac{1}{12}$$

$$P(\text{点 5}) = \frac{4}{36} = \frac{1}{9}$$

$$P(\text{点 6}) = \frac{5}{36}$$

$$P(\text{点 8}) = \frac{5}{36}$$

$$P(\text{点 9}) = \frac{4}{36} = \frac{1}{9}$$

$$P(\text{点 10}) = \frac{3}{36} = \frac{1}{12}$$

将这些数字填入树中得到图 6.3。请注意，正如我们所预期的那样，这些概率总和为 1。此外，请注意，在出场掷期间获胜的概率(2/9)远远大于在此阶段失败的概率(1/9)，并且两者都远小于得到点并进行第二轮比赛的概率(即 2/3)。

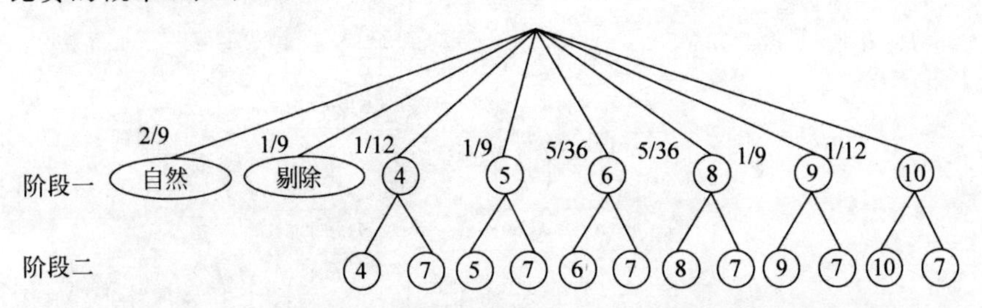

图 6.3　用于表示花旗骰可能结果的树形图以及出场掷每个结果的概率

为了完成树，我们需要游戏有条件地停止在出场掷中出现的六个不同的点上的概率。首先考虑在该点为 4 时获胜的概率。我们可以把事件拆解为，在 4 成为点后的第一次投掷获胜，或第二次或第三次投掷后获胜，依此类推。所有这些事件都是不相交的，因此

$$
\begin{aligned}
P(\text{获胜}|\text{点是 4}) = \; & P(\text{第一次投掷获胜}|\text{点是 4}) + \\
& P(\text{第二次投掷获胜}|\text{第一次投掷未获胜且点是 4}) + \\
& P(\text{第三次投掷获胜}|\text{第一次和第二次未获胜且点是 4}) \cdots
\end{aligned}
$$

现在,如果点为4,则在第一次掷骰中获胜的概率就是在掷骰子中获得4的概率:

$$P(\text{获胜}\mid\text{点是}4)=\frac{1}{12}$$

另一方面,如果你没有赢得第一轮并且点为4,那么为了在第二次投掷获胜,你的第一轮掷骰就必须不能是4或7,且第二次掷骰应该是4。第一轮投掷不是4或7的概率是$\frac{36-3-6}{36}=\frac{3}{4}$,而第二次投掷是4的概率是1/12。由于投掷是相互独立的,这意味着

$$P(\text{第二次投掷获胜}\mid\text{第一次投掷未获胜且点是}4)=\frac{3}{4}\times\frac{1}{12}$$

类似的推论可用于后续投掷。一般来说,如果你没有在之前的k轮投掷中获胜且点数是4,那么赢得第k轮掷骰的概率要求你观察到一系列看起来类似下列形式的结果:

$$\underbrace{XXX\cdots X}_{k-1\text{次}}4$$

其中X对应于骰子中任意非7或4的结果。这个序列概率为

$$P(\underbrace{XXX\cdots X}_{k-1\text{次}}4)=\left(\frac{3}{4}\right)^{k-1}\times\frac{1}{12}$$

可推导出

$$\begin{aligned}P(\text{获胜}\mid\text{点是}4)=&\underbrace{\frac{1}{12}}_{\text{第一次投掷获胜的概率}}+\underbrace{\frac{1}{12}\times\frac{3}{4}}_{\text{第二次投掷获胜的概率}}+\\&\underbrace{\frac{1}{12}\times\left(\frac{3}{4}\right)^{2}}_{\text{第三次投掷获胜的概率}}+\underbrace{\frac{1}{12}\times\left(\frac{3}{4}\right)^{3}}_{\text{第四次投掷获胜的概率}}+\cdots\\&=\frac{1}{12}\left\{1+\frac{3}{4}+\left(\frac{3}{4}\right)^{2}+\left(\frac{3}{4}\right)^{3}+\left(\frac{3}{4}\right)^{4}+\cdots\right\}\end{aligned}$$

括号中的和称为几何和(geometric sums),在分析由独立试验序列组成的游戏时经常出现。在处理几何和时,可利用以下公式:

有限几何级数

有$n+1$项的几何级数的和为:

$$1+a+a^{2}+\cdots+a^{n}=\frac{1-a^{n+1}}{1-a}$$

请注意，如果$|a|<1$且n非常大，那么$a^{n+1}\approx 0$。可以推导出

无限几何级数

无限几何级数的和为：

$$1+a+a^2+a^3+a^4+\cdots=\frac{1}{1-a}$$

相应地，

$$1+\frac{3}{4}+\left(\frac{3}{4}\right)^2+\left(\frac{3}{4}\right)^3+\left(\frac{3}{4}\right)^4+\cdots=\frac{1}{1-\frac{3}{4}}=4$$

因此：

$$P(\text{获胜}|\text{点是 }4)=\frac{1}{12}\times 4=\frac{1}{3}$$

以下R代码可用于验证无限几何级数和的公式：

```
> a = 3/4
> n = 20
> expon = seq(0,n)
> geometricseries = a ^ expon
> geometricseries              #几何级数的项

   [1] 1.000000000 0.750000000 0.562500000 0.421875000
   [5] 0.316406250 0.237304688 0.177978516 0.133483887
   [9] 0.100112915 0.075084686 0.056313515 0.042235136
  [13] 0.031676352 0.023757264 0.017817948 0.013363461
  [17] 0.010022596 0.007516947 0.005637710 0.004228283
  [21] 0.003171212

> cumsum(geometricseries)   #和稳定地逼近 4

   [1] 1.000000 1.750000 2.312500 2.734375 3.050781 3.288086
   [7] 3.466064 3.599548 3.699661 3.774746 3.831059 3.873295
  [13] 3.904971 3.928728 3.946546 3.959910 3.969932 3.977449
  [19] 3.983087 3.987315 3.990486

> (1 - a ^ (n + 1))/(1 - a)      #和 cumsum 最后一项一致

[1] 3.990486
```

在点数为4时找到获胜概率的另一种方法是要意识到，在结束游戏的九个结果中(三个相加为4，六个相加为7)，只有那些加起来为4的结

果会让你赢得游戏。这与之前一样可推导出 P(获胜|点是 4)＝3/9＝1/3。以下模拟程序可用于证实刚刚进行的计算：

```
> n = 10000
> result = rep(0,n)
> outspc = seq(1,6)
> point = 4
> for(i in 1:n){
+   dice = sample(outspc,2,replace = TRUE)
+   roll = sum(dice)
+   while(roll!= point & roll!= 7){
+     dice = sample(outspc,2,replace = TRUE)
+     roll = sum(dice)
+   }
+   if(roll == point){
+     result[i] = "W"
+   }else{
+     result[i] = "L"
+   }
+ }
> sum(result == "W")/n

[1] 0.3357
```

类似的推论可以用于所有其他点(并且稍稍修改上面代码便可用来检查它们,参见练习 14)：

$$P(\text{获胜} \mid \text{点是 }4) = P(\text{获胜} \mid \text{点是 }10) = \frac{1}{3}$$

$$P(\text{获胜} \mid \text{点是 }5) = P(\text{获胜} \mid \text{点是 }9) = \frac{2}{5}$$

$$P(\text{获胜} \mid \text{点是 }6) = P(\text{获胜} \mid \text{点是 }8) = \frac{5}{11}$$

完全填充的树如图 6.4 所示。现在,遵循我们在第 5 章中讨论的全概率定律,可以将赢得出场掷的路径相关的概率相加：

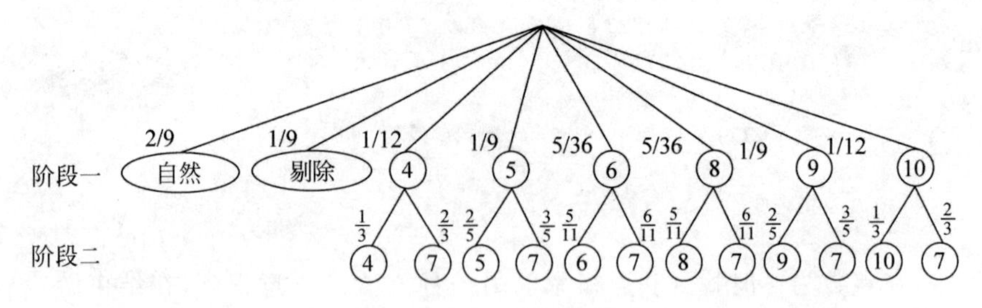

图 6.4 用于表示花旗骰可能结果的树形图以及所有场景的概率

$$
\begin{aligned}
P(\text{赢得过线投注}) = & P(\text{在第一阶段获胜}) + \\
& P(\text{在第二阶段获胜且点是 }4) + \\
& P(\text{在第二阶段获胜且点是 }5) + \\
& P(\text{在第二阶段获胜且点是 }6) + \\
& P(\text{在第二阶段获胜且点是 }8) + \\
& P(\text{在第二阶段获胜且点是 }9) + \\
& P(\text{在第二阶段获胜且点是 }10)
\end{aligned}
$$

因此，

$$
\begin{aligned}
P(\text{赢得过线投注}) = & \underbrace{\frac{2}{9}}_{\text{第一阶段获胜的概率}} + \underbrace{\frac{1}{12}}_{\text{点数是4的概率}} \times \\
& \underbrace{\frac{1}{3}}_{\text{点数是4时赢得第二阶段的概率}} + \underbrace{\frac{1}{9}}_{\text{点数是5的概率}} \times \\
& \underbrace{\frac{2}{5}}_{\text{点数是5时赢得第二阶段的概率}} + \underbrace{\frac{5}{36}}_{\text{点数是6的概率}} \times \\
& \underbrace{\frac{5}{11}}_{\text{点数是6时赢得第二阶段的概率}} + \underbrace{\frac{5}{36}}_{\text{点数是8的概率}} \times \\
& \underbrace{\frac{5}{11}}_{\text{点数是8时赢得第二阶段的概率}} + \underbrace{\frac{1}{9}}_{\text{点数是9的概率}} \times \\
& \underbrace{\frac{2}{5}}_{\text{点数是9时赢得第二阶段的概率}} + \underbrace{\frac{1}{12}}_{\text{点数是10的概率}} \times \\
& \underbrace{\frac{1}{3}}_{\text{点数是10时赢得第二阶段的概率}}
\end{aligned}
$$

这简化为 $P(\text{赢得过线投注}) = 244/495 \approx 0.4929$。此外，由于过线投注支付均衡赔率，因此投入的每一美元的预期利润为

$$
E(\text{过线投注的利润}) = (-1) \times \frac{251}{495} + 1 \times \frac{244}{495} \approx -0.01414
$$

正如你所看到的，花旗骰中过线投注的庄家优势远小于轮盘赌的庄家优势！那么从纯粹的金钱角度来看，你没有理由再去玩轮盘赌！

可以扩展我们之前使用的代码来检查获胜的概率，假定点是 4 来证实玩过线投注时获胜的概率。

```
> n = 100000
> result = rep(0,n)
> outspc = seq(1,6)
> for(i in 1:n){
+   dice = sample(outspc,2,replace = TRUE)       #第一轮
+   roll = sum(dice)
+   if(roll %in% c(4,5,6,8,9,10)){              #第二轮
+       point = roll
+       dice = sample(outspc,2,replace = TRUE)
+       roll = sum(dice)
+       while(roll!= point & roll!= 7){
+       dice = sample(outspc,2,replace = TRUE)
+       roll = sum(dice)
+     }
+     if(roll == point){
+       result[i] = "W"                          #在第二轮胜利
+     }else{
+       result[i] = "L"                          #在第二轮输掉
+     }
+   }else{
+     if(roll == 7|roll == 11){
+       result[i] = "W"                          #在第一轮胜利
+     }else{
+       result[i] = "L"                          #在第一轮输掉
+     }
+   }
+ }
> sum(result == "W")/n

[1] 0.49454

> mean( (result == "W") - (result == "L") )

[1] - 0.01092
```

6.1.2 不过线投注

不过线(也称为输或错误)投注(the don't pass line bet)是对抗掷骰者的投注,几乎是过线投注的镜像并且也是支付均衡赔率。不过线投注始终作为与过线投注平行的观察者下注进行,并以下列方式进行。如果掷骰者的出场掷是 7 或 11,则不过线投注会自动失败。另一方面,如果出场掷是 2 或 3,则不过线投注自动获胜,但如果出现是 12,则游戏以平

局结束(这有时被称为 push)并且玩家拿回她原来的赌注。最后,如果出现的是点,那么如果 7 首先出现玩家就赢得不过线投注,如果该点出现玩家便输了。

请注意,除了出场掷中 12 的结果之外,不过线投注与过线投注相反。因此,我们可以使用类似于上一节中概述的过程,轻松计算获胜的概率和打平的概率。因此,

$$P(\text{赢得不过线投注})=\frac{949}{1980}\approx 0.47929$$

$$P(\text{push 不过线投注})=\frac{1}{36}\approx 0.02778$$

$$P(\text{输掉不过线投注})=\frac{244}{495}\approx 0.49293$$

因此,

$$E(\text{不过线投注的利润})=(-1)\times\frac{244}{495}+0\times\frac{1}{36}+1\times\frac{949}{1980}$$
$$\approx -0.01364$$

请注意,不过线投注对玩家的不利稍低于过线投注!你可以修改 6.1.2 节中提供的过线投注的模拟,以检查这些结果(参见练习 16)。

6.1.3　来和不来投注

除了过线和不过线投注,还有两个通常由赌场提供的线投注(line bets):**来**(come)投注和**不来**(don't come)投注。来投注几乎与过线投注相同,但它们却同步并独立地进行。无论掷骰者正在进行出场掷还是点掷,一旦玩家进行了来投注,就会开始自己的第一阶段。因此,在玩家将筹码放入桌子的来区域之后,如果在第一轮中掷出 7 或 11,则胜利,但是如果掷出 2,3 或 12,则失败。另一方面,如果掷出的是 4,5,6,8,9,10,那么来注将由庄家移动到代表掷骰者所掷数字的格子上。不来投注是类似的,但它镜像了不过线投注。

6.1.4　边注

除了线注和来注之外,许多赌场允许单掷和多掷投注。这些赌注可以由掷骰者或任何旁观者在任何时候放置。单掷投注的示例包括**蛇眼**(snake eyes)(其涉及投注出现两个一点,通常支付 30 比 1)和 **Yo**(其涉及投注出现 11 点,通常支付 15 比 1)。对这些赌注的分析与轮盘赌中的赌注分析非常相似。例如,蛇眼投注的预期利润是

$$E(\text{蛇眼投注的利润})=30\times\frac{1}{36}+(-1)\times\frac{35}{36}=-\frac{5}{36}=-0.138\,89$$

而 Yo 的期望利润是

$$E(\text{Yo 投注的利润})=15\times\frac{2}{36}+(-1)\times\frac{34}{36}=-\frac{4}{36}=-0.111\,11$$

请注意,这两个投注的庄家优势远远大于花旗骰中的线注(以及轮盘赌中的任何投注)。因此,这些边注(side bets)对于玩家来说通常是非常糟糕的主张。

多掷投注的一个例子是**难方式**(hard way)投注,其中玩家下注掷骰者在掷出 7 点或相应的简单方式之前,将以难方式掷出 4,6,8 或 10 点(参见表 6.1)。我们可以使用本章讨论的一些想法来计算这些投注的庄家优势。例如,在难 8 投注(赢得投注时支付 9 比 1)的例子中,请注意只有一种骰子组合能让你获胜(两个 4),而有 10 个组合让你失败(6 种出现 7 点的方式,加上 3 和 5,5 和 3,2 和 6,以及 6 和 2)。由于任何其他数字都只会迫使你继续投掷,赢得此赌注的概率是 1/11,失败的概率是 10/11,预期利润是

$$E(\text{难 8 的利润})=9\times\frac{1}{11}+(-1)\times\frac{10}{11}=-\frac{1}{11}=-0.090\,909$$

同样地,这种投注对玩家来说很糟糕!

6.2 习题

1. 花旗骰中,剔除的概率是多少?

2. 花旗骰中,如果你的点是 9,那么你在接下来的四次投掷中获胜的概率是多少?在接下来的四次投掷中输掉的概率是多少?

3. 花旗骰中,如果你的点是 5,那么你在接下来的四次投掷中获胜的概率是多少?在接下来的四次投掷中输掉的概率是多少?

4. 如果你的点是 6,那么你将赢得这轮花旗骰的概率是多少?列出计算过程。

5. 如果你的点是 10,那么你将赢得这轮花旗骰的概率是多少?列出计算过程。

6. 如果你的点是 11,那么你将赢得这轮花旗骰的概率是多少?列出计算过程。

7. 证明赢得不过线投注的概率是 949/1980。

8. 验证正文中提供的不过线投注的庄家优势的值。

9. 花旗骰中不过线投注是对抗投掷者的赌局。实际上，如果投掷者在出场掷时获得 7 或 11 点，或者在后续投掷中获得对应的点数，那么就会输掉不过线投注。然而，只有当投掷者在出场掷中获得 2 或 3 时会获胜，或者在获得 12 时打平。为什么规则要这样设置，而不是让不过线投注在出场掷获得 2、3 或 12 时获胜？

10. 为什么赌场允许玩家在第一次掷骰后退出（收回）不过线投注，但它不会允许你在过线投注中也这样做？

11. 赢得来与不来投注的概率是多少？

12. 在花旗骰中，场(field)投注是单掷投注，其中如果下一次投掷是 2,3,4,9,10,11 或 12，则玩家获胜，如果出现其他数字则输掉投注。如果出现 3,4,9,10 和 11，支付为 1 比 1；如果出现 2，支付为 2 比 1；如果出现 12，支付为 3 比 1 。那么这个投注的庄家优势是多少？与过线投注的庄家优势相比如何？

13. 难 6 投注的庄家优势是多少？与难 8 投注的庄家优势相比如何？

14. [R] 使用 R 找出级数 $1+\frac{1}{3}+\left(\frac{1}{3}\right)^2+\left(\frac{1}{3}\right)^3+\left(\frac{1}{3}\right)^4+\cdots$ 的累加和。

15. [R] 创建模拟程序以计算当点是 9 时赢得过线投注的概率。

16. [R] 创建一个模拟程序来计算赢得不过线投注的概率。

第7章　轮盘赌回顾

在本章中，将使用之前学到的一些概念来解决轮盘赌有关的其他有趣问题。虽然我们专注于轮盘赌，但这里讨论的许多想法可以扩展到基于独立轮次的其他游戏，例如花旗骰。

7.1　赌博系统

赌博系统是根据玩家是赢还是输来增加或减少赌注大小的策略。它们被用作玩家击败庄家优势的工具；已经有很多书探讨过这个话题；许多赌徒一遍又一遍地重新发现了同样的策略。然而，需要强调，对于依赖于独立轮次的游戏如轮盘赌或花旗骰，无法设计出击败庄家的系统。

7.1.1　鞅倍系统

鞅倍系统(martingale doubling systems)非常简单。要采用这个系统，你必须持续投注直到获胜，每次输掉时赌注加倍。更具体地说，你通过进行小额下注(例如1美元)开始一个下注周期。如果你输了，那么加倍赌注并再次投注；如果你赢了，你获得奖金并投注1美元开始新的周期。通常在均衡赌局中采用此策略，例如轮盘赌中的颜色投注。但是，也并非只能应用于均衡赌局中。

在一个你可以无限期下注的世界里，鞅倍系统保证你无论获胜的概率是多少，你都会在下注周期结束时赚1美元。实际上，假设完成一个循环需要n次独立的投注。由于赌局是均衡的，此时你赢了2美元。此外，由于输掉了之前的$n-1$次投注，你总共损失了$1+2+2^2+\cdots+2^{n-1}$美元。请注意，你输掉的总量是几何级数中一些项的和。回想一下第6章，

$$1+a+a^2+\cdots+a^{n-1}=\frac{1-a^n}{1-a}$$

在这个例子中，$a=2$。因此，

$$1+2+2^2+\cdots+2^{n-1}=\frac{1-2^n}{1-2}=2^n-1$$

不管 n 的取值是什么，你在这个周期中的收益是

$$\text{Profit}=\underbrace{2^n}_{\text{最后一轮(胜利)投注的奖金}}-\underbrace{(2^n-1)}_{\text{之前(输掉的)投注的累积损失}}=1$$

乍一看，这个计算表明，倍增系统应该可以让你总是赚钱。什么可能出错了？这个系统的基本假设是你可以无限期地继续玩，直到获胜。但是，在现实生活中，你的资金是有限的，而保持系统运行所需的赌注增长得非常迅速。因此，你可能无法承担下一次的赌注以保持系统继续运行，届时你将失去所有资金。

为了说明这一点，假设你有 1000 美元，并且初始赌注是 1 美元。在用完资金进行下一次投注之前，你可以连续输掉多少次？我们刚刚发现 n 轮比赛后的累计损失是 2^n-1（见表 7.1）。因此，如果连续输掉 9 次，我们将只剩下 489 美元，这还不足以支付系统要求的第 10 次赌注（即 512 美元）！一般来说，你可以玩的轮次数简单地由 $\lfloor \log_2 B \rfloor$ 给出，其中 B 是你的资金总额，$\lfloor x \rfloor$ 表示"将数字 x 向下近似到最接近的整数"（在这种情况下，$\log_2 1000 \approx 9.9658$，所以 $\lfloor \log_2 1000 \rfloor = 9$）。这个表达也清楚地表明，将你的资金加倍（例如，将你的初始资金从 1000 美元提高到 2000 美元）只能让你在破产之前再多购买一轮。

表 7.1　初始赌注为 1 美元且初始资金为 1000 美元的鞅倍系统的累计损失

轮(n)	此轮的赌注	累计损失	剩下的钱
1	1	0	1000
2	2	1	999
3	4	3	997
4	8	7	993
5	16	15	985
6	32	31	969
7	64	63	937
8	128	127	873
9	256	255	745
10	512	511	489

现在，你可能会争辩说在轮盘赌中进行彩色投注时连续输掉 9 次是非常不可能的事情。因为轮盘赌中轮盘的旋转是独立的，所以发生这种情况的确切概率是

$$
\begin{aligned}
&P(\text{输掉第 1 次旋转且输掉第 2 次旋转} \cdots\cdots \text{且输掉第 9 次旋转})\\
=\ &P(\text{输掉第 1 次旋转})\times P(\text{输掉第 2 次旋转})\times\cdots\times\\
&P(\text{输掉第 9 次旋转})
\end{aligned}
$$

因此

$$
P(\text{连续输掉 9 次旋转})=\underbrace{\frac{20}{38}\times\frac{20}{38}\times\cdots\times\frac{20}{38}}_{9\text{次}}\approx 0.003\,098\,972
$$

因此,即使我们从1000美元开始并且最初只下注1美元,大约每300个周期我们才将无法承担下一次赌注并且鞅倍系统失败(确切的数字是1/0.003 098 972＝322.6877个周期)。与此同时,我们本可以获得约300美元的利润,但即使我们将奖金再投资,最终还是会用尽资金来支付系统所需的下一轮赌注。

通过模拟在超过2000次的轮盘赌中初始下注为1美元的鞅倍系统的运行利润,可以获得一些另外的直观认识:

```
> spins = 2000
> outspc = c("W","L")
> outpro = c(18/38, 20/38)
> profit = rep(0,spins)
> bet = 1
> for(i in 1:spins){
+   outcome = sample(outspc,1,replace = TRUE,prob = outpro)
+   if(outcome == "W"){
+     profit[i] = bet
+     bet = 1
+   }else{
+     profit[i] = - bet
+     bet = 2 * bet
+   }
+ }
> plot(cumsum(profit), type = "l", xlab = "Spin",
+                        ylab = "Cumulative Profit")
> abline(h = 0, lty = 2)
```

图7.1显示了这样的模拟结果。累计利润的增长趋势表明,正如所说的那样,只要我们可以无限期地继续玩,系统就会赚钱。然而,请注意,积极的趋势会被间或出现的大损失(在一个例子中超过2000美元,即使我们的初始赌注只有1美元)不时打断。正是这些间或出现的大损失使得系统在现实生活中失败了!

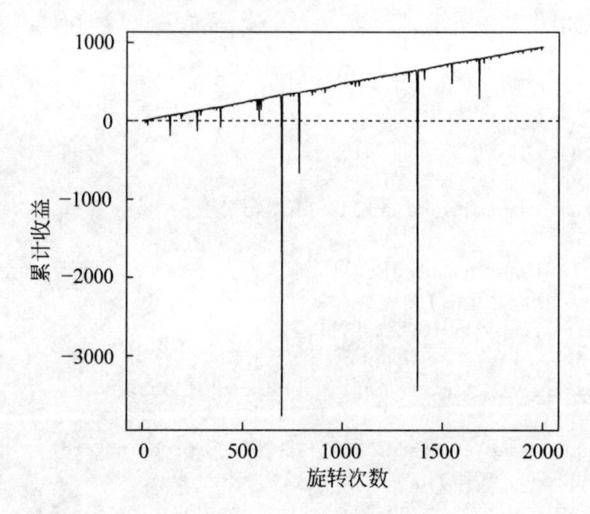

图 7.1　实线表示鞅倍系统的运行利润，该系统在轮盘赌中进行均衡赌局的初始投注为 1 美元。水平虚线表示零利润水平

7.1.2　Labouchère 系统

要使用 Labouchère 系统，你需要决定想赢多少钱，然后写一个相加之和等于该数值的正数列表。为了说明，假设你想赚 100 美元，你决定在游戏中使用数字 15，15，20，25，20，5。你总是使用列表中的第一个与最后一个数字之和（如果剩下一个数字，则使用该数字）进行投注。如果你赢了，则将这两个数字从列表中删除；如果输了，则在列表末尾添加输掉赌注的金额。当列表中没有更多数字时，你就停止游戏。

首先，你需要说服自己，如果系统完成，你确实可以赢得列表中金额的总和。为了看到这一点，首先假设这是你的幸运日，你直接赢得了所有投注。在我们的例子中，这意味着你第一次下注（且赢得）15＋5＝20 美元，第二次赢得 15＋20＝35 美元，第三次赢得 20＋25＝45 美元。所以你赢得的总金额是 20＋35＋45＝100 美元，和预期一致。如果你输掉了第一次投注，然后直接赢得所有其他赌注怎么办？在这种情况下，你的列表现在包含数字 15，15，20，25，20，5，20，并且你将损失 20 美元。但是，如果你现在连续赢得所有投注，那么你将获得 120 美元，所以你的净利润将仍然为 100 美元。一般情况下，通过将输掉的金额添加到列表末尾，你可以弥补在游戏停止之前可能在游戏过程中产生的任何损失，从而确保将获得所需的金额。以下 R 代码模拟了 Labouchère 系统的运行利润，所用的初始列表包含 50 个相加为 10 美元的数值，均用于偶数轮盘赌。系统的累计利润如图 7.2 所示。

```
> outspc = c("W","L")
> outpro = c(18/38, 20/38)
> listlength = 50
> betvalue = 10
> listofbets = rep(betvalue, listlength)
> profit = 0
> while(length(listofbets)> 0){
+   if(listlength == 1){
+     currentbet = listofbets[1]
+   }else{
+     currentbet = listofbets[1] + listofbets[listlength]
+   }
+   outcome = sample(outspc,1,replace = TRUE,prob = outpro)
+   if(outcome == "W"){
+     profit = c(profit, currentbet)
+     listofbets = listofbets[ - c(1,listlength)]
+   }else{
+     profit = c(profit, - currentbet)
+     listofbets = c(listofbets, currentbet)
+   }
+    listlength = length(listofbets)
+ }
> plot(cumsum(profit), type = "l", xlab = "Spin",
+                         ylab = "Cumulative Profit")
> abline(h = 0, lty = 2)
```

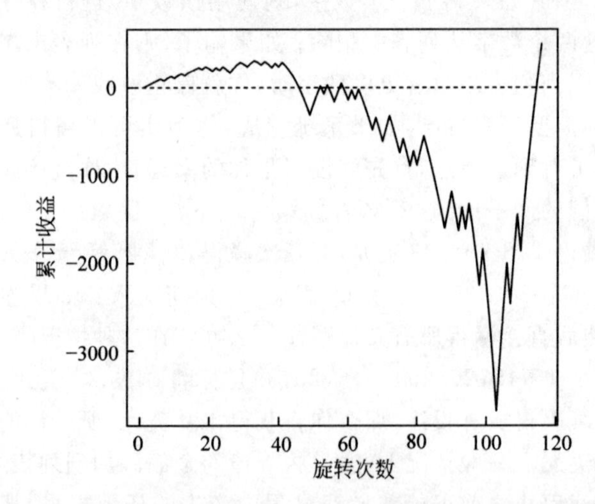

图 7.2 Labouchère 系统的运行利润，初始列表包含 50 个相加为 10 美元的数值，用于偶数轮盘赌。注意，当累计利润为 50×10＝500 时，模拟停止；达到此数字所需的旋转次数在每次模拟中均不相同

就像鞅倍系统一样，Labouchère 系统似乎可以确保你在玩轮盘赌时总能赚钱。但是，Labouchère 系统与鞅倍系统具有相同的缺点。如果你遇到了糟糕的连败，那么在你有机会收回之前的损失或赚钱之前，你可能已经用完钱了。然而，正如模拟所表明的那样，由于 Labouchère 系统中投注的大小呈线性而非指数增长，因此在破产之前能够玩的游戏轮数往往会更大。

7.1.3　D'Alembert 系统

D'Alembert 系统基于这样的想法：如果你刚刚获胜，那么胜利的可能性就会降低，而如果你刚刚输了，则更有可能获胜。因此，你应该在输掉后增加下注金额，并在获胜后减少下注金额。推荐的进度通常和桌面最小赌注呈线性关系，因此在输掉时你添加固定金额的赌注（例如，1 美元），并在每次获胜时减去相同金额的赌注。

虽然鞅倍系统和 Labouchère 系统是基于数学上合理的原则（它们不起作用只是因为在现实生活中我们在银行中没有无限的金钱），D'Alembert 系统是基于错误的概率论据。轮盘的旋转彼此独立，这意味着输赢的概率不依赖于过去（游戏是无记忆的）。确实，在进行任何旋转之前，在轮盘赌中进行偶数投注时连续获得 9 次失败的可能性非常小。然而，在你已经看到 8 次失败之后，输掉第 9 次的可能性与第 1 次的概率完全相同。

以下 R 代码模拟在偶数轮盘赌中应用 D'Alembert 系统的累积利润，初始下注为 5 美元，赌注变化为 1 美元，最低下注为 1 美元，最高下注为 20 美元。图 7.3 中明显的下降趋势和较大的负值证实了我们的论点，即 D'Alembert 系统不起作用。

```
> n = 10000
> outspc = c("W","L")
> outpro = c(18/38, 20/38)
> profit = rep(0,n)
> currentbet = 5
> incrementbet = 1
> minimumbet = 1
> maximumbet = 20
> for(i in 1:n){
+   outcome = sample(outspc,1,replace = TRUE,prob = outpro)
+   if(outcome == "W"){
+     profit[i] = currentbet
```

```
+     currentbet = max(currentbet - 1, minimumbet)
+   }else{
+     profit[i] = - currentbet
+     currentbet = min(currentbet + 1, maximumbet)
+   }
+ }
> plot(cumsum(profit), type = "l", xlab = "Spin",
+                     ylab = "Cumulative Profit")
> abline(h = 0, lty = 2)
```

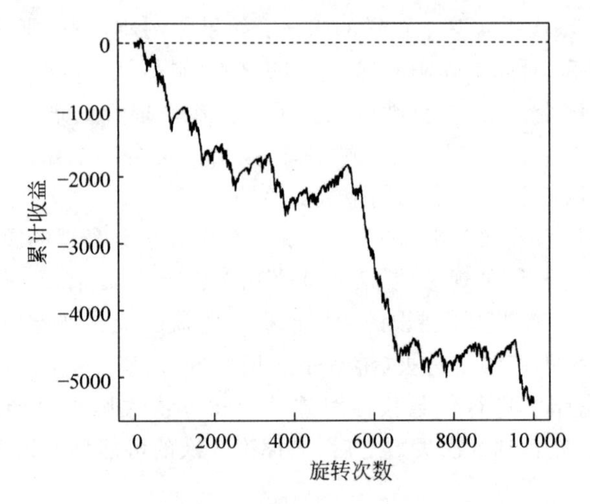

图 7.3　10 000 次偶数轮盘赌中应用 D'Alembert 系统的累积利润，初始下注为 5 美元，赌注变化为 1 美元，最低下注为 1 美元，最高下注为 20 美元

7.2　你是大赢家

虽然轮盘赌的预期利润是负数，但实际上玩家能够在一段时间内取得领先是较为常见的。事实上，你可以暂时在轮盘赌中赚很多钱，但是大数定律意味着如果你想保持赚钱的状态，你需要停止游戏并且余生绝不再玩一次！

例如，计算在进行 1 美元彩色投注时，在 15 场比赛中正好赢得 10 轮的概率（这意味着你在 15 轮游戏后领先 5 美元）。发生这种情况有多种方式；例如，你可以赢得前 10 轮并输掉接下来的 5 轮，

W W W W W W W W W W L L L L L

或者你可以输掉第 2,3,5,12,13 轮，

$$\mathrm{W\,L\,L\,W\,L\,W\,W\,W\,W\,W\,W\,L\,L\,W\,W}$$

首先考虑这些序列中每一次游戏的概率。由于轮次是独立的，15 次旋转构成的所有序列中，包含 10 次胜利和 5 次失败的序列都具有相同的概率，

$$\underbrace{\mathrm{W}}_{\frac{18}{28}}\ \underbrace{\mathrm{L}}_{\frac{20}{28}}\ \underbrace{\mathrm{L}}_{\frac{20}{28}}\ \underbrace{\mathrm{W}}_{\frac{18}{28}}\ \underbrace{\mathrm{L}}_{\frac{20}{28}}\ \underbrace{\mathrm{W}}_{\frac{18}{28}}\ \underbrace{\mathrm{W}}_{\frac{18}{28}}\ \underbrace{\mathrm{W}}_{\frac{18}{28}}\ \underbrace{\mathrm{W}}_{\frac{18}{28}}\ \underbrace{\mathrm{W}}_{\frac{18}{28}}\ \underbrace{\mathrm{W}}_{\frac{18}{28}}\ \underbrace{\mathrm{L}}_{\frac{20}{28}}\ \underbrace{\mathrm{L}}_{\frac{20}{28}}\ \underbrace{\mathrm{W}}_{\frac{18}{28}}\ \underbrace{\mathrm{W}}_{\frac{18}{28}}$$

$\left(\text{回想一下赢得颜色投注的概率是}\frac{18}{38}\text{，而输掉的概率是}\frac{20}{38}\right)$。这意味着，

$$\begin{aligned}&P(\mathrm{W\,W\,W\,W\,W\,W\,W\,W\,W\,W\,L\,L\,L\,L\,L})\\&=P(\mathrm{W\,L\,L\,W\,L\,W\,W\,W\,W\,W\,W\,L\,L\,W\,W})\\&=\left(\frac{18}{38}\right)^{10}\times\left(\frac{20}{38}\right)^{5}\end{aligned}$$

现在，为了计算赢得 15 轮中 10 轮的总概率，需要将所有符合标准的序列的概率相加。由于所有不同的序列具有相同的概率，因此归结为计算符合标准的序列的数量。

要计算在 15 次旋转中获得 10 次胜利的方式的总数，请再次回忆在第 4 章中讨论的组合数。我们需要从包含 15 个位置的列表中选择 10 个位置，这 10 个位置被选中的顺序对我们没有任何影响。因此，在轮盘赌的 15 次旋转中，有 $\binom{15}{10}=\frac{15!}{10!\times 5!}=3003$ 种方法可以获得 10 次胜利。因此，

$$P(15\text{ 轮中赢得 }10\text{ 轮})=\binom{15}{10}\times\left(\frac{18}{38}\right)^{10}\times\left(\frac{20}{38}\right)^{5}$$

更一般地，考虑一个随机变量 Z，它代表 n 轮中胜利的轮数。由之前的推论可以得到，

$$P(Z=k)=\binom{n}{k}\times\left(\frac{18}{38}\right)^{k}\times\left(\frac{20}{38}\right)^{n-k}$$

注意，如果 $Z=k$，那么你从赢得的回合中获得了 k 美元，并且从输掉的回合中损失了 $(n-k)$ 美元，从而使得玩游戏的利润为 $k-(n-k)=2k-n$ 美元。

现在好好利用这个结果。假设你整晚都在玩轮盘赌。为了方便讨论，假设你每次在彩色上投注 1 美元，已经玩了 300 轮（这意味着每小时 60 次旋转约 5 小时）。在所有这一切之后，你领先 20 美元（这意味着你赢得的回合数比输掉的回合数多了 20 次），你感到非常不幸，因为你赚的钱很少。你有理由这么想吗？

解决这个问题的一种方法是计算某人在 300 场比赛后赢得 20 美元或更多钱的概率。现在，为了领先 20 美元或更多，你需要在 300 轮中至少赢得 160 轮，所以我们需要计算：

$$\begin{aligned}\overbrace{P(Z\geqslant 160)}^{\text{赢得160次或更多次轮盘赌的概率}} &= \overbrace{\binom{300}{160}\times\left(\frac{18}{38}\right)^{160}\times\left(\frac{20}{38}\right)^{140}}^{\text{300轮中赢得160轮的概率}} + \\ &\quad \underbrace{\binom{300}{161}\times\left(\frac{18}{38}\right)^{161}\times\left(\frac{20}{38}\right)^{139}}_{\text{300轮中赢得161轮的概率}} + \cdots + \\ &\quad \underbrace{\binom{300}{160}\times\left(\frac{18}{38}\right)^{300}\times\left(\frac{20}{38}\right)^{0}}_{\text{300轮中赢得300轮的概率}}\end{aligned}$$

手工计算这个数值很难，但是可以使用 R 获得这个数值（见后文的侧边栏 7.1）：

```
> pbinom(159, size = 300, prob = 18/38, lower.tail = FALSE)

 [1] 0.022217
```

这意味着，对于每 100 名玩家来说，在玩了 5 个小时后，只有大约 2 个玩家可以赚 20 美元或者更多……我会觉得你很幸运！

7.3 我的钱能支撑多长时间

可以使用我们开发的一些工具来研究鞅倍系统，以回答有关轮盘赌的其他有趣问题。例如，假设你想今晚出去玩轮盘赌。由于这场比赛的期望利润为负，你确信最终将输掉所有的钱。但是，能玩多久是一个随机变量，其分布将取决于你有多少钱和每次下注多少。

为了让事情变得简单，比如说你从 1 美元开始，你每轮下注 1 美元，你没有再投资你赢得的钱，并且你通过玩均衡投注例如颜色投注，来让最初的 1 美元支撑尽可能长的时间。如果你是一个非常不幸的人，你可能会在第一轮旋转时输掉，这样你就只能玩一轮。所以，如果设

$X=\{$如果你只有 1 美元并且全部用于下注时能玩的轮数$\}$

那么有 $P(X=1)=20/38$。

现在，为了能够正好玩两轮游戏，你需要赢得第一轮并输掉第二轮。因此，由于轮盘旋转是独立的，我们有 $P(X=2)=\frac{18}{38}\times\frac{20}{38}$。更一般地说，

为了正好玩 k 轮游戏，你需要赢得前 $k-1$ 轮并在第 k 轮中输掉，这发生的概率为

$$P(X=k)=\left(\frac{18}{38}\right)^{k-1}\times\frac{20}{38}$$

其中，k 可以是大于或等于1的任何整数。表7.2以 k 的函数形式展示了概率图；正如所料，玩的局数越多，其概率就越低。

表 7.2　在输掉第一笔钱之前恰好玩 k 轮的概率，k 取 1～6

k	$P(X=k)$
1	0.526 315 8
2	0.249 307 5
3	0.118 093 0
4	0.055 938 8
5	0.026 497 3
6	0.012 551 4

要计算可玩局数的平均大小，即 $E(X)$，需要计算

$$E(X)=\frac{20}{38}+2\times\frac{18}{38}\times\frac{20}{38}+3\times\left(\frac{18}{38}\right)^2\times\frac{20}{38}+4\times\left(\frac{18}{38}\right)^3\times\frac{20}{38}+\cdots$$

可以写作

$$\begin{aligned}E(X)=&\frac{20}{38}+\frac{18}{38}\times\frac{20}{38}+\left(\frac{18}{38}\right)^2\times\frac{20}{38}+\left(\frac{18}{38}\right)^3\times\frac{20}{38}+\cdots+\\&\frac{18}{38}\times\frac{20}{38}+\left(\frac{18}{38}\right)^2\times\frac{20}{38}+\left(\frac{18}{38}\right)^3\times\frac{20}{38}+\cdots+\\&\left(\frac{18}{38}\right)^2\times\frac{20}{38}+\left(\frac{18}{38}\right)^3\times\frac{20}{38}+\cdots+\\&\left(\frac{18}{38}\right)^3\times\frac{20}{38}+\cdots\\&\quad\vdots\end{aligned}$$

通过一些代数知识，再次在每行使用几何级数求和的公式，得到 $E(X)=\frac{38}{20}\approx1.9$。因此，平均每晚你能玩不到两轮！

之前的场景可能过于简单而无法实际应用。例如，即使你决定不再投资赢得的奖金，你也不大可能仅带着1美元去赌桌。所以，假设你从10美元开始，并且进行1美元的投注（但不要再投资赢得的奖金）。你可以通过多种方式使用随机变量

$Y=\{$如果你只有10美元并且进行1美元的下注时能玩的轮数$\}$

如果你只关心期望，可以按以下方式进行。由于你进行了1美元的

投注，可以将赌博过程视为10次1美元的投注，并且每次下注直到输掉。这意味着你可以将Y写作

$$Y=X_1+X_2+X_3+X_4+X_5+X_6+X_7+X_8+X_9+X_{10}$$

其中每个X_i对应于原始随机变量的一个独立实现。因此，可以很容易地看到

$$E(Y)=E[X_1]+E[X_2]+E[X_3]+\cdots+E[X_9]+E[X_{10}]=19$$

换句话说，如果你从10美元开始并进行1美元的投注，你可以期望平均每晚玩约38分钟(假设每2分钟旋转一次)。

如果你关心Y的整体分布，下面的方法比处理多个随机变量的总和要简单一些。为了让你在输掉所有钱之前正好玩k轮，你需要满足两个条件的输赢序列：①正好输掉10次；②第k轮(最后一轮)是输的。换句话说，你需要一个序列，如

LW W W W W L L L W W L W L W W W L L W L W W W L

现在，这个序列长度为25，并且(由于轮次在一起并且彼此独立)它具有概率

$$\left(\frac{18}{38}\right)^{15}\times\left(\frac{20}{38}\right)^{10}$$

但请注意，这不是满足这些标准的唯一可能序列。事实上，有$\binom{24}{9}=\frac{24!}{9!\times 15!}$个这样的序列(回想一下第4章中有关组合数的讨论，并注意最后一个位置必须是输，所以我们需要在24个选项中为剩余的输挑选9个位置)。由于所有序列具有相同的概率：

$$P(Y=25)=\binom{24}{9}\times\left(\frac{18}{38}\right)^{15}\times\left(\frac{20}{38}\right)^{10}$$

更一般地说，如果你以n美元开始，每轮下注1美元，并且不再投资赢得的奖金，对于任意$k\geqslant n$，你可以玩k轮的概率是

$$P(Y=k)=\binom{k-1}{n}\times\left(\frac{18}{38}\right)^{k-n}\times\left(\frac{20}{38}\right)^{n}$$

侧边栏7.1　R中的二项分布

R包含了许多函数，它们允许你计算与众多知名的随机变量相关的概率。例如，当Z服从二项分布时，函数dbinom()和pbinom()可以计算$P(Z=x)$和$P(Z\leqslant x)$或$P(Z>x)$。例如，对于$n=10$且$p=18/38$的二项分布

$$P(Z=4)=\binom{10}{4}\times\left(\frac{18}{38}\right)^4\times\left(\frac{20}{38}\right)^6$$

可用以下两种方式计算：

```
> choose(10,4) * (18/38)^4 * (20/38)^6

[1] 0.224726

> dbinom(4, size = 10, prob = 18/38)

[1] 0.224726
```

另一方面，对于 $P(Z\leqslant 4)=\sum_{x=4}^{10}\binom{10}{x}\times\left(\frac{18}{38}\right)^x\times\left(\frac{20}{38}\right)^{10-x}$

```
> pbinom(4, size = 10, prob = 18/38)

[1] 0.4431709
```

与此同时，$P(Z>4)=1-P(Z\leqslant 4)$可由如下方式获得：

```
> pbinom(4, size = 10, prob = 18/38, lower.tail = FALSE)

[1] 0.5568291
```

最后，函数 rbinom()可用于生成服从二项分布的随机数。

```
> rbinom(12, size = 10, prob = 18/38)

[1] 5 3 7 3 6 2 2 6 8 2 4 5
```

奖金再投资的情况有点棘手，超出了本书的范围。但是，R 中的模拟程序可以为你提供一些直观认识：

```
> n = 10000
> outspc = c("W","L")
> outpro = c(18/38, 20/38)
> numspins = rep(0,n)
> for(i in 1:n){          #模拟假设利润会再用于投资
+   bank = 10
+   spins = 0
+   while(bank > 0){
+      spins = spins + 1
+      outcome = sample(outspc,1,replace = TRUE,prob = outpro)
```

```
+     bank = bank - (outcome == "L") + (outcome == "W")
+   }
+   numspins[i] = spins
+ }
> mean(numspins)          #平均旋转次数

[1] 191.8288

> max(numspins)           #观察到的最大旋转次数

 [1] 4324
```

请注意,通过再投资赢得的奖金,你可以显著延长10美元持续的时间。但是,由于游戏的期望值是负的,你最终会破产!

7.4 这个轮盘是有偏的吗

在第3章中,我们讨论了使用切比雪夫不等式来近似确定检测轮盘偏差所需的旋转次数。我们现在考虑相关的问题,即由给定数量的旋转组成的样本是否提供了轮盘有偏的证据。例如,假设你收集了10 000次轮盘赌旋转的结果,并且观察到数字31出现了270次(回想一下,在这么多次旋转中,你期望会看到它大约$10\,000\times\frac{1}{38}\approx 263$次)。这是否表明轮盘赌偏向31?

要回答这个问题,可以计算一下如果轮盘没有偏差,你在10 000次旋转中观察到的数字31至少270次的概率:

$$P(\text{数字 31 在无偏轮盘的 10 000 次旋转中出现至少 270 次})$$

$$=\binom{10\,000}{270}\times\left(\frac{1}{38}\right)^{270}\times\left(\frac{37}{38}\right)^{9730}+\binom{10\,000}{271}\times\left(\frac{1}{38}\right)^{271}\times\left(\frac{37}{38}\right)^{9729}+\cdots+\binom{10\,000}{10\,000}\times\left(\frac{1}{38}\right)^{10\,000}\times\left(\frac{37}{38}\right)^{0}$$

所以有

$$P(\text{在 10 000 次旋转中数字 31 出现至少 270 次})\approx 0.3429$$

如同之前,可以使用R计算这个值:

```
> pbinom(269, size = 10000, prob = 1/38, lower.tail = FALSE)

 [1] 0.3429242
```

由于这个数字相对较大，因此没有理由认为轮盘是有偏差的(263 和 270 之间的差异足够小，可能是由于随机性产生的)。

7.5 伯努利试验

当观察多轮轮盘赌的结果时，你正在观察一个非常特殊类型的实验的例子，即伯努利试验。一组伯努利试验满足以下要求：

- 每次重复实验都独立于其他实验。
- 每次重复实验只有两种可能的结果(称之为胜与负)。
- 每次实验的获胜和失败概率相同(称胜利的概率为 p)。

许多有趣的概率分布与伯努利试验有关。这些分布在前面的章节中出现过。例如，二项分布(binomial distribution)在我们对 n 次重复实验中的获胜数 k 感兴趣时出现过。

二项分布由下式给出：

$$P(Z=k)=\binom{n}{k}\times p^k\times(1-p)^{n-k},\quad k=1,2,3,\cdots,n$$

例如，当计算轮盘的某个结果在 n 次重复实验中出现 k 次的概率时，出现了二项分布(参见 7.4 节)。

当我们想知道取得一次成功需要多少次试验时，几何分布(geometric distribution)上场的时候便到了。

几何分布由下式给出：

$$P(X=n)=p\times(1-p)^{n-1},\quad n=1,2,3,\cdots$$

另一方面，负二项分布(negative binomial distribution)出现在当我们想知道需要多少次试验来获得 k 次成功时(因此，当 $k=1$ 时，几何分布是负二项分布的特例)。

负二项分布由下式给出：

$$P(Y=n)=\binom{n-1}{k-1}\times p^k\times(1-p)^{n-k},\quad n=k,k+1,k+2,\cdots$$

几何分布和负二项分布出现在7.3节，当我们调查如果没有再投资奖金，你可以在没钱之前进行轮盘赌的轮数。注意，二项和负二项随机变量之间的主要区别是什么被认为是固定的和什么被认为是随机的。二项分布假定试验数 n 是固定的而胜利数 k 是随机的，负二项分布的假定则相反。

7.6 习题

1. 什么是鞅倍系统？它如何失败？

2. 什么是 Labouchère 系统？它如何失败？

3. 在使用鞅倍系统时，最小和最大赌注如何影响你破产的可能性？

4. 鞅三倍系统能避免鞅倍系统的问题吗？

5. 你决定使用鞅倍系统玩轮盘赌。如果你的资金为30美元，初始投注是1美元且不会重新投资赢得的奖金，那么你能玩的期望时间是多少？

6. 你决定使用鞅三倍系统玩轮盘赌。如果你的资金是90美元，初始投注是1美元且不会重新投资赢得的奖金，那么你能玩的期望时间是多少？

7. 如何在花旗骰中使用鞅倍系统？

8. 在30次轮盘赌中赢得12次偶数投注的概率是多少？

9. 在200次轮盘赌中赢得12次偶数投注的概率是多少？

10. 在花旗骰游戏中获得7的概率是1/6。被称为骰子支配者的著名花旗骰玩家，在花旗骰的点阶段，连续30次的投掷中避开了7。简单地说，想象只投掷两个骰子，并且你只对7是否出现感兴趣；那么在连续35次投掷中避开7的概率是多少？

11. 如果在投掷两个骰子时，你能连续15次避开7，你认为自己可以被称为骰子支配者吗？

12. 假设你正在尝试确定给定的(欧洲)轮盘赌的轮盘是否偏向于数字16。为此，你收集了15 000次旋转的结果，并发现其中413次是16。如果轮盘没有偏差，那么在欧洲轮盘赌的15 000次旋转中获得413次或更多16的概率是多少？有证据表明这个特殊的轮盘有偏差吗？

13. 在与前一个问题相同的背景中，如果轮盘没有偏差，那么在欧洲轮盘赌的15 000次旋转中获得602次或更多16的概率是多少？有证据表明这个特殊的轮盘有偏差吗？

14. 如果玩美国轮盘赌你每次下注1美元在红色上，那么在100轮之后你至少领先10美元的概率是多少？

15. 在与前一个问题相同的背景中，在500轮之后你至少领先2美元的概率是多少？

16. [R] 当 Z 服从二项式分布时，其中 $n=300$ 且 $p=18/38$，以两种方式确定由函数 pbinom(159,300,18/38,lower. tail=FALSE)提供的 $P(Z\geqslant 160)$ 的值：

- 将总和涉及的141个项加起来。
- 使用模拟程序。

17. [R] 修改 Labouchère 系统的模拟程序，以估计破产的概率，如果你的资金是200美元，且你的列表包含20个元素，每个元素对应10美元，此外你在进行偶数投注。

18. [R] 在不投资赢得的奖金的前提下，修改轮盘中偶数投注的模拟程序，以证实对破产前期望旋转次数的计算。

第8章 二十一点

二十一点(Blackjack,BJ)是一种非常流行的纸牌游戏,许多电影里都有描绘它的情节,例如2008年的电影《21》。二十一点之所以变得这么流行,因为它是为数不多的一种潜在地可以被击溃的赌场博弈(即我们可以设计一种策略来最小化甚至消除赌场优势)。

8.1 规则与赌注

二十一点使用的是一副标准的(法式)由52张纸牌组成的扑克(见图8.1)。这个游戏的目标非常简单:玩家试着得到一个纸牌组合,将其中的牌面点数相加所得之和大于庄家的点数和,但又不超过21点。纸牌的点数值如下:数字牌的点数就是它们的牌面数值,每张J、Q或K的点数都是10,A的点数可以是1或者11(取决于哪种点数对于玩家更有利)。纸牌的花色对游戏的结果都没有影响。

在一轮游戏开始时,每个玩家都被发到两张牌面朝上的扑克牌,庄家(称其为爱丽丝)也得到两张牌。牌通常都来自于一个牌堆,称为"盒"。一盒牌可以包括最少一副牌,最多八副牌。

与玩家不同,庄家收到的是一张明牌(牌面朝上),即所有人都看得到,以及一张暗牌(牌面朝下),暗牌称为"在洞里",或称为"洞牌"。在收到隐藏牌之后,爱丽丝查看她是否有一个黑杰克(一个A加上一个10分的牌,例如J、Q、K或10)。如果爱丽丝有一个黑杰克,她就把第二张牌掀开,游戏结束。所有没有黑杰克的玩家都输。拥有黑杰克的玩家则与庄家打成平手。

如果爱丽丝没有黑杰克,那么每个玩家轮流叫牌。如果当前的玩家(称其为朱莉莎)手上的牌直接就有21点,那么她就拥有黑杰克,这种情况称为自然赢,于是她便自动赢得了比赛(除非,正如前面所讨论的,庄家也有黑杰克,那种情况下则是平局)。虽然二十一点的常规支付赔率是

1 比 1，但是自然赢的支付赔率是 3 比 2(即你下的每 2 美元注将为你赢得 3 美元的利润)。如果朱莉莎没有得到一个黑杰克，她有机会根据自己的意愿获得尽可能多的额外牌(一张接一张地拿牌)。进一步来说，朱莉莎有以下选项可供选择：

- 拿牌：再拿一张牌。包括新牌在内，如果玩家的总点数超过 21，她就会爆掉并立即输掉比赛，无论庄家后来是否也爆掉。
- 停牌：停止拿牌并等待庄家调配她的手牌。
- 双倍下注(仅可以在每一轮调配手牌开始时进行的第一个动作)：玩家可以再下一注与原赌注相等的赌金，然后只能再拿一张牌。
- 分牌(仅可以在每一轮调配手牌开始时进行的第一个动作)：如果玩家获得一对具有相同数字的牌，她们可以将手牌一分为二，对其中的第一个再下一注与原赌注相等的赌金，然后为两副手牌各自补齐一张牌。从那时起，玩家同时玩两副独立的手牌；唯一的限制是，在分牌之后，自然赢的黑杰克将被视为常规的黑杰克，而且通常不允许进一步分牌或双倍下注。
- 投降(仅可以在每一轮调配手牌开始时进行的第一个动作)：就在庄家检查黑杰克之后，玩家可以放弃一半的赌注并取回另一半。投降通常是一个糟糕的选择。
- 买保险(仅可以在每一轮调配手牌开始时进行的第一个动作)：如果庄家的明牌是 A，她可以给玩家提供一个机会，让玩家在庄家检查是否有洞牌之前选择是否为对抗黑杰克的出现而买保险。保险注会变成一种附加赌注，如果庄家确实有黑杰克，保险注会被看作是与主要投注相互独立的。此投注的赔率为 2 比 1[①]。

一旦所有玩家都已经处理完了他们的手牌(无论是爆掉还是停牌)，都会轮到庄家采取一个固定的策略。如果庄家爱丽丝还没有这样做(因为一个黑杰克)，她会展示洞牌。如果总数小于 17，她将选择拿牌直到数字高于 17 或爆掉。如果庄家爆掉了，所有仍在参与比赛的玩家将获胜。如果庄家没有爆掉，那么每个玩家将自己的数字与玩家的数字进行比较。若玩家的数字更高，她就赢了；若玩家的数字较小，她就会输掉比赛。最后，如果数字相同，那么游戏就打成平局，玩家会得回她的赌注。在所有这些情况下，支付赔率都是 1 比 1。

---

① 如果庄家确实有黑杰克，玩家将赢得 2 倍的保险赌金；如果庄家没有黑杰克，玩家将输掉保险赌金。——译者注。

一个流行的二十一点变体是让庄家在一个软 17 上拿牌。软数字是一种卡牌的组合,其中包含一个计为 11 点的 A。例如,一个 A 和一个 6 的组合是一个软 17,而一个 K、一个 6 和一个 A 的组合算作是硬 17。其他规则的变化包括早期投降,重新分牌,没有分牌后加倍。这些变化通常是为赌场特别定制的,本书不会讨论。

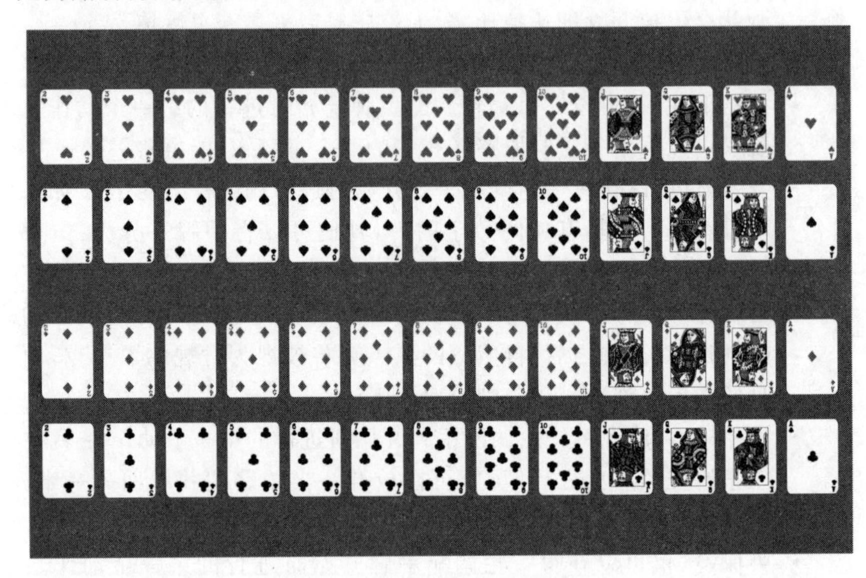

图 8.1　一副 52 张牌的法式扑克

8.2 二十一点中的基本策略

二十一点大受欢迎,很大程度是因为玩家可以采用一种策略来最小化甚至消除赌场优势。这是因为:①由于庄家采用固定策略并且她展示了面朝上的牌,所以玩家可以相应地调整自己的策略;②在不同轮次中使用的牌通常是在没有替换的情况下从牌堆里得到的(而且牌堆里的牌是有限的!),所以不同回合的结果是相关的。这与我们到目前为止所讨论的其他游戏(轮盘赌、彩票、掷骰子)明显相反,其中这些游戏中来自不同轮次的结果彼此独立。

为了制定一种玩二十一点的策略,首先考虑与所有可能的玩家手牌相关联的概率。由于爱丽丝一定会在她的手牌达到 17 点之前拿牌,因此便会产生 7 种可能的结果:17、18、19、20、21、BJ 和爆掉(注意 21 表示任意的纸牌组合加总后是 21 点,但又不是黑杰克)。

黑杰克的概率很容易计算：

$$P(\text{黑杰克})=P(\text{第一张牌是 A})\times P(\text{第二张牌是 10,J,Q 或 K} \mid \text{第一张牌是 A})+P(\text{第一张牌是 10,J,Q 或 K})\times P(\text{第二张牌是 A} \mid \text{第一张牌是 10,J,Q 或 K})$$

假设游戏中所使用的牌只有一副，那么

$$P(\text{黑杰克})=\frac{4}{52}\times\frac{16}{51}+\frac{16}{52}\times\frac{4}{51}=\frac{2\times4\times16}{52\times51}\approx0.048\,265\,46$$

然而，仅使用一副扑克牌的情况在现今是相对少见的。在多副扑克牌的游戏中，不同卡牌组合出现的概率，在移除其中一张之后，并不会发生很大的变化。因此，在那种情况下，我们可以近似得到

$$P(\text{黑杰克})\approx\frac{4}{52}\times\frac{16}{52}+\frac{16}{52}\times\frac{4}{52}=\frac{2\times4\times16}{52\times52}\approx0.047\,337\,28$$

注意这两种计算之间的区别仅仅在于分母上，当使用多副扑克牌时，与第二张牌相对应的概率其分母是52(即我们假设采样是有放回的)。相反，当仅使用一副扑克牌时，这个值则是51(我们假设采样是没有放回的)。

要获得其他结果的概率会是相当复杂的。例如，考虑一个不是黑杰克但又有21点的卡牌组合。这只能在拿到三张及以上牌时才会出现；有很多种可能的组合能够导致这样的结果。例如，

- 一张值10分的牌，后面跟着一个6和一个5。
- 一张值10分的牌，后面跟着一个5和一个6。
- 一张值10分的牌，后面跟着一个4和一个7。
- 一张值10分的牌，后面跟着一个4、一个2和一个5。
- 一个9，跟着一个7，然后跟着一个5。
- ……

要将所有可能的情况都列举出来必须非常小心；例如，一张值10分的牌，后面跟着一个7，然后再跟着一个4，并非是我们需要纳入考虑的一种情况，因为它永远也不会发生(一旦拿到7，手牌的总和就会变成17，那么庄家就会停止拿牌)。因为需要考虑的组合之数目相当大，我们在表8.1中仅给出(在多副扑克牌情况下)最终的结果。可以通过以下模拟程序来证实这些结果。

```
> n = 100000
> cardvalues = rep(c(seq(1,10), rep(10,3)), each = 4)
> outcome = rep(0,n)
> for(i in 1:n){
```

```
+   hand = sample(cardvalues, 2, replace = TRUE)
+   sw = TRUE
+   while(sw){
+     isace = (hand == 1)
+     if(sum(isace)> 0) {
+       if(sum(hand[!isace]) + sum(isace) + 10 > 21){
+         handvalue = sum(hand[!isace]) + sum(isace)
+       }else{
+         handvalue = sum(hand[!isace]) + sum(isace) + 10
+       }
+     }else{
+       handvalue = sum(hand[!isace])
+     }
+     if(handvalue >= 17){
+       sw = FALSE
+     }else{
+       hand = c(hand, sample(cardvalues, 1))
+     }
+   }
+   if(handvalue > 21){
+     outcome[i] = "Bust"
+   }else{
+     if(handvalue == 21 & length(hand) == 2){
+       outcome[i] = "BJ"
+     }else{
+       outcome[i] = handvalue
+     }
+   }
> round(table(outcome)/n, 3)

outcome
     17      18      19      20      21      BJ    Bust
  0.147   0.140   0.132   0.180   0.073   0.047   0.281
```

表8.1提供了有关二十一点策略的一些有趣见解。例如,它表明庄家大约每四轮就会爆掉一次。只要玩家自己没有爆掉,那么在庄家爆掉时,玩家就将获胜,由此即表明玩家采取防守策略可能是一个好主意。但是,该表并没有用到牌面已经朝上的那张卡牌所提供的信息。实际上,请注意,牌堆中大约有30%的牌是面值为10点的牌。因此,如果面朝上的那张牌是一个6,那么庄家爆掉的可能性就会比面朝上的那张牌是一个10的情况更高:

表 8.1　假设庄家在得到 17 点后会选择停牌且游戏中会使用许多副扑克牌时，不同手牌的概率

结果	17	18	19	20	21	BJ	爆掉
概率	0.145	0.140	0.138	0.180	0.073	0.047	0.282

- 如果面朝上的牌是 6，因为最可能的情况是洞牌为 10，所以庄家手牌的最可能点数和是 16。如果是这样，庄家将不得不选择拿第三张牌。如果这种情况发生，最可能的结果是第三张牌是 6 或更大(概率为 32/52)，这就会导致庄家爆掉。在这种情况下，玩家应该更倾向于采取防守策略。
- 如果面朝上的牌是 10 点，那么庄家会选择拿第三张牌的可能性很小，因为他们只会在洞牌是 2、3、4、5 或 6 的情况下才会这样做。如果游戏中使用多副扑克牌，那么这种情况的概率为 24/52；所以庄家爆掉的可能性也相对较小。在第二种情况下，玩家应该采取进攻性更强的策略。

表 8.2 对前面的讨论进行了形式化并加以概括，它展示了给定庄家之明牌的条件下，其各种不同手牌的概率。如前所述，如果面朝上的卡牌为 2、3、4、5 或 6，则玩家会爆掉的概率相当高。然而，一旦面朝上的卡牌变成一个 7 或者更高，这一概率将会大幅下降。的确，当面朝上的卡牌是一个 7 时，最可能得出的结果是 17，当面朝上的卡牌是一个 8 时，最可能得出的结果是 18，依此类推。而且，如果面朝上的牌是 A，那么庄家爆掉的可能性非常小。这些概率暗示玩家复制庄家策略是一个坏主意。相反，以下这些自适应策略则是最优的：

表 8.2　给定庄家的明牌时，并假设庄家会在 17 点时停牌，其不同手牌所对应的概率

明牌	最终的手牌						
	17	18	19	20	21	BJ	爆掉
A	0.131	0.131	0.131	0.131	0.054	0.308	0.115
2	0.140	0.135	0.130	0.124	0.118	0.000	0.354
3	0.135	0.131	0.126	0.120	0.115	0.000	0.374
4	0.131	0.126	0.121	0.117	0.111	0.000	0.395
5	0.122	0.122	0.118	0.113	0.108	0.000	0.416
6	0.165	0.106	0.106	0.102	0.097	0.000	0.423
7	0.369	0.138	0.079	0.079	0.074	0.000	0.262
8	0.129	0.360	0.129	0.070	0.069	0.000	0.245
9	0.120	0.120	0.351	0.120	0.061	0.000	0.228
10/J/Q/K	0.111	0.111	0.111	0.342	0.035	0.077	0.212

该表假设游戏中会使用许多副扑克牌。

- 如果庄家的明牌是4、5或者6，那么玩家应该在手牌点数和为12或更多时停牌，否则就选择拿牌。
- 如果庄家的明牌是一个2或者一个3，则玩家应该在手牌点数和为13或更多时停牌。
- 对于任何其他牌，玩家应在手牌点数和为17或更多时停牌，否则就选择拿牌。

该战略的基本原理与我们之前的讨论直接相关。因为如果明牌是4、5或6，庄家很有可能会爆掉，所以玩家应该选择防守策略，以避免自己爆掉，爆掉会导致失去一切赌注(因此应该在12点或者更多时停牌)。另一方面，如果庄家的明牌是7或更高，那么庄家持有一手好牌的概率就会非常高，玩家也应该采取进攻性更强的策略，以便在停牌之前试着至少拿到17点。

类似的直觉同样适用于最优分牌策略(见表8.3)。请注意，在一对10的情况下分牌永远都不会是对自己更有利的选择；这是因为无论面朝上的明牌是什么，庄家将会击败20点的概率都非常小。类似地，只有当庄家所展示的明牌是7或更小的数字时，对自己的一双7进行分牌才是有利的选择(对于较大面值的明牌，玩家爆掉，或得到的点数为17甚至更少点数，这样的概率非常高，而庄家将获得18甚至更多点数的概率也是相对较高的)。

表8.3 最优分牌策略

玩家的牌	庄家的明牌									
	2	3	4	5	6	7	8	9	10	A
A-A	S	S	S	S	S	S	S	S	S	
10-10										
9-9	S	S	S	S	S			S	S	
8-8	S	S	S	S	S	S	S	S		
7-7	S	S	S	S	S	S				
6-6	(S)	S	S	S	S					
5-5										
4-4				(S)	(S)					
3-3	(S)	(S)	S	S	S	S				
2-2	(S)	(S)	S	S	S	S				

S表示选择分牌是有利的，而(S)表示仅在允许双倍下注时分牌才是有利的。这种策略的成立要求以下假设得到满足：游戏中使用很多副扑克牌，并且庄家都会在17点时停牌。

8.3　一个可行的赌博系统：卡牌计数

二十一点游戏的一个关键特征是在每一回合之后，牌堆里的牌并不会重新洗牌。事实上，连续的多个回合都是在同一堆牌的基础上进行的。这就会引起不同手牌出现概率的剧烈变化。这种现象在仅使用一副扑克牌的游戏中更为明显，但它仍然可以在使用多副扑克的游戏中被利用来创建一个赌博系统。

为了考察在使用单副扑克的游戏中不同结果的概率会发生多少改变，考虑下面这种情况，其中所有 A、2、3、4、5 和 6 已从牌堆里移除(因此，牌堆里剩下 28 张牌；其中包括 16 张面值为 10 的卡牌，4 个 7，4 个 8 和 4 个 9)。在这种情况下，不同手牌的概率相对容易计算。例如，庄家获得 21 点的概率就是连续获得三个 7 的概率(基于牌堆中剩余的牌，无法得到其他满足条件的组合)，即

$$P(21)=\underbrace{\frac{4}{28}}_{\substack{\text{第一张牌是}\\\text{一个7的概率}}}\times\underbrace{\frac{3}{27}}_{\substack{\text{给定第一张牌是7时，}\\\text{第二张牌也是7的概率}}}\times\underbrace{\frac{2}{26}}_{\substack{\text{给定前两张牌是7时，}\\\text{第三张牌也是7的概率}}}\approx 0.001\,22$$

类似地，庄家得到一个 17 点的概率对应于下面 4 种不同的序列出现的概率：一个 7 后面跟着一个 10，或者一个 10 后面跟着一个 7，或者一个 8 后面跟着一个 9，或者一个 9 后面跟着一个 8。因此，

$$P(17)=\frac{4}{28}\times\frac{16}{27}+\frac{16}{28}\times\frac{4}{27}+\frac{4}{28}\times\frac{4}{27}+\frac{4}{28}\times\frac{4}{27}\approx 0.211\,64$$

表 8.4 总结了所有情况的概率，这与表 8.1 中的内容非常不同，因为很多卡牌在游戏中都不会再被用到。表 8.4 中的值可以使用下面的 R 代码来加以证实(注意这一版本的代码使用了无放回的采样，这与 8.2 节中所给出的代码不同)：

表 8.4　游戏中只使用一副扑克牌，其中所有的 A、2、3、4、5 和 6 已经被移除，同时假设庄家在所有的 17 点上都会停牌，不同手牌的概率

结果	17	18	19	20	21	BJ	爆掉
概率	0.212	0.186	0.170	0.317	0.001	0.000	0.115

```
> n = 100000
> cardvalues = rep(c(seq(7,10), rep(10,3)), each = 4)
> outcome = rep(0,n)
> for(i in 1:n){
```

```
+   shuffleddeck = sample(cardvalues,
+                        length(cardvalues), replace = FALSE)
+   hand         = shuffleddeck[1:2]
+   currentcard  = 3
+   sw = TRUE
+   while(sw){
+     isace = (hand == 1)
+     if(sum(isace)> 0){
+       if(sum(hand[!isace]) + sum(isace) + 10 > 21){
+         handvalue = sum(hand[!isace]) + sum(isace)
+       }else{
+         handvalue = sum(hand[!isace]) + sum(isace) + 10
+       }
+     }else{
+       handvalue = sum(hand[!isace])
+     }
+     if(handvalue >= 17){
+       sw = FALSE
+     }else{
+       hand = c(hand, shuffleddeck[currentcard])
+       currentcard = currentcard + 1
+     }
+   }
+   if(handvalue > 21){
+     outcome[i] = "Bust"
+   }else{
+     if(handvalue == 21 & length(hand) == 2){
+       outcome[i] = "BJ" }
+     else{
+       outcome[i] = handvalue
+     }
+   }
+ }
> round(table(outcome)/n, 3)

outcome
    17     18     19     20     21   Bust
 0.211  0.184  0.171  0.316  0.001  0.116
```

可以用类似的方法计算在给定明牌的条件下每种结果的概率(这与表8.2背后的计算类似)。例如,如果明牌是一张7,那么第二张不会导致爆掉的牌只能是一个10(它会得到17点)和一个7(它会导致再拿一张牌,因为现在的总数是14)。如果第二张牌也是一个7,那么庄家不会爆

掉的唯一方式是第三张牌同样是一个7(总共21点)。因此,

$$P\left(17 \middle| \begin{array}{c}\text{第一张牌是 }7\text{,并且}\\ \text{A},2,3,4,5,6\text{ 已经被移除}\end{array}\right)$$
$$= P\left(\begin{array}{c}\text{第二张牌}\\ \text{面值等于 }10\end{array} \middle| \begin{array}{c}\text{第一张牌是 }7\text{,并且}\\ \text{A},2,3,4,5,6\text{ 已经被移除}\end{array}\right)$$
$$= \frac{16}{27} \approx 0.592\,59$$
$$P\left(21 \middle| \begin{array}{c}\text{第一张牌是 }7\text{,并且}\\ \text{A},2,3,4,5,6\text{ 已经被移除}\end{array}\right)$$
$$= \frac{3}{27} \times \frac{2}{26} \approx 0.008\,547$$

同时

$$P(18\,|\,\text{第一张牌是 }7\text{,并且 A},2,3,4,5,6\text{ 已经被移除}) = 0$$
$$P(19\,|\,\text{第一张牌是 }7\text{,并且 A},2,3,4,5,6\text{ 已经被移除}) = 0$$
$$P(20\,|\,\text{第一张牌是 }7\text{,并且 A},2,3,4,5,6\text{ 已经被移除}) = 0$$

以及

$$P\left(\text{爆掉} \middle| \begin{array}{c}\text{第一张牌是 }7\text{,并且}\\ \text{A},2,3,4,5,6\text{ 已经被移除}\end{array}\right)$$
$$= 1 - \overbrace{\left(\frac{16}{27} + \frac{3}{27} \times \frac{2}{26}\right)}^{\text{庄家不会爆掉的概率}} \approx 0.398\,86$$

在保留4位有效数字之后,表8.5总结了与这些结果相对应的数值。该表剩余的部分可以用类似的方法得到。

表8.5 在给定庄家明牌的条件下,并假设庄家在得到17点后都会选择停牌,不同手牌的概率

明牌	庄家最终的手牌						
	17	18	19	20	21	BJ	爆掉
7	0.593	0.000	0.000	0.000	0.009	0.000	0.399
8	0.148	0.593	0.000	0.000	0.000	0.000	0.259
9	0.148	0.111	0.593	0.000	0.000	0.000	0.148
10/J/Q/K	0.148	0.148	0.148	0.556	0.000	0.000	0.000

该表假设游戏中仅使用一副扑克牌,其中所有的A、2、3、4、5和6都已经被从牌堆中移除。

因为赢得一手牌的概率很大程度上依赖于牌堆里还剩什么牌,所以我们可以通过一些策略来减少(甚至消除)赌场优势:当牌堆里的卡牌更

有利于我们获胜时，就增加下注的数量；相反，如果牌堆里的卡牌不利于我们获胜，就减少加下注的数量。

卡牌计数是一个简单的机制，我们可以用它来跟踪自重新洗牌以来之前几轮发牌中已经出现的卡牌，然后调整投注的大小以充分利用玩家占优的局面。计数系统基于以下事实：高牌（尤其是A和面值为10的牌）相对于庄家而言，更有利于玩家；低牌（特别是4、5和6）在损害玩家的同时也会帮助庄家。事实上，如果牌堆里高度集中了A和面值为10的牌会增加玩家拿到“自然赢”的机会，这个黑杰克可以按3∶2的比例进行赔付（除非庄家也有黑杰克）。此外，当牌组充满了面值为10的牌时，玩家在双倍下注时会有更好的获胜机会。另一方面，低牌更有利于庄家，因为根据二十一点的规则，庄家必须拿到硬牌（即，总点数为12～16之间），而玩家却可以选择拿牌或停牌。因此，如果下一张被分发到的牌是10，那么手握硬牌的庄家每次这个时候就都会爆掉。

人们已经设计出了很多计数系统。所有这些系统，在牌堆刚刚被洗好时都从0开始计数，然后根据被打出的牌对计数或增或减。实践中，对卡牌进行赋值的一种最简单的方式是“低-高”计数系统：

- 2、3、4、5、6被赋予一个大小为+1的值。
- 面值为10的牌和A被赋予一个大小为−1的值。
- 所有其他数字的牌（7、8和9）被赋予一个大小为0的值。

当计数结果为高时，它表明在牌堆里还留存有很多高牌，这也就意味着庄家很容易爆掉；在此情况下，你应该增加下注，因为你更容易取胜。不同的专家会对增加下注的阈值给出不同的建议，一个可能的选择（对于仅使用一副扑克牌的游戏而言）如下：

- 如果你的计数小于或等于+1，下游戏规定的最小注。
- 如果你的计数介于+2和+3之间，下双倍的最小注。
- 如果你的计数介于+4和+5之间，下3倍的最小注。
- 如果你的计数介于+6和+7之间，下4倍的最小注。
- 如果你的计数大于或等于+8，下5倍的最小注。

8.4 习题

1. 请解释为什么在使用一副扑克牌的二十一点游戏中，当有大量高牌在牌堆中，而面值居中的牌已经出来时，对于玩家会有一种优势。

2. 为什么在二十一点游戏中选择投降通常都是一个坏主意？

3. 赌场可以采取什么行动来减少二十一点游戏中卡牌计数的优势？请解释这些行动背后的逻辑。

4. 你正在玩二十一点，所使用的是一副扑克牌，而且你是桌上唯一的玩家。你的手牌是 K—8，庄家的明牌是 9。如果你知道所有的 A、2、3、4、5 和 6 都不在牌堆中（但是所有其他的牌仍然存在），那么如果你选择停牌，你将获胜的概率是多少？

5. 赢得一笔保险注的概率是多少？在一场你投了保险注的游戏中，你的预期收益是多少？

6. 考虑与上一个问题相同的情况，当庄家的明牌是 7 时，你将获胜的概率是多少？

7. 考虑与上一个问题相同的情况，当庄家的明牌是 8 时，你将获胜的概率是多少？

8. 游戏中使用一副已经移除了所有 A、2、3、4、5 和 6 的扑克牌（但所有其他牌仍然在牌堆里），当庄家的明牌面值为 10 时，庄家获得 17 点的概率是多少？仔细解释你的推理。

9. 在与前一个问题相同的情况下，当庄家的明牌是 9 时，庄家最终获得十八点的概率是多少？验证你的答案。

10. 仍然处于之前两个问题相同的条件下，当庄家的明牌为 9 时，庄家爆掉的可能性是多少？验证你的答案。

11. 在使用连续洗牌机时，刚刚用过的牌会在每轮出牌结束后被放回到牌堆中。该机器的工作方式如下：任何一张刚刚被打出的牌都有可能在下一轮牌中出现（与常规游戏不同，在常规游戏中，被丢弃的牌在一段时间内并不会被重新放入牌堆中）。连续洗牌机如何影响二十一点游戏中基本策略的有效性？它如何影响卡牌计数的有效性？

12. 通过计算来完成表 8.5。

13. [R] 修改本章中已经给出的模拟程序代码，重新计算表 8.1 中的概率，要求游戏中只使用一副扑克牌，其中的卡牌以无放回的形式进行采样。

14. [R] 假设不允许买保险、投降、分牌或双倍下注，请编写代码以评估 8.2 节中讨论的二十一点基本策略下，庄家的优势。

15. [R] 如果玩家复制庄家的策略，请修改上一道练习题中的代码来计算庄家优势。将你的结果与上一题的结果进行比较。

第9章　扑克

扑克是一种非常受欢迎的棋牌类游戏，不仅在赌场中玩，朋友之间也会玩。由于像ESPN这样的体育频道开始转播相关的锦标赛，导致其中一款名为德州扑克的玩法特别受欢迎。

扑克与我们迄今为止讨论过的其他游戏不同，玩扑克时，玩家之间会相互竞争而非单单与赌场竞争。因此，即使扑克具有类似于其他随机游戏的特点，它也同样是一种策略游戏。在本节中，我们将从随机这个角度来讨论这种游戏，至于从策略角度来讨论它的内容，将在第11章介绍。

9.1　基本规则

就像二十一点一样，扑克的玩法也是使用52张法式纸牌(参见图8.1)。每个玩家都会被分到一定数量的纸牌，牌面朝下或朝上。此外，玩家也可能会被分到一些公共牌，这些牌将被所有玩家共享。每场比赛的胜者是拥有最大的五张牌之人；使用玩家牌和公共牌来构建手牌的方式取决于正在玩的游戏变体的具体规则(稍后会详细介绍)。

手牌主要按其类型排列(见表9.1和图9.1)。纸牌上的数字仅用于区分相同类型的手牌。出于这个目的，牌被按照2、3、4、5、6、7、8、9、10、J、Q、K、A这样的顺序来排列。除了帮助你确定是否有同花之外，花色本身并不能定义一手牌的大小，这与其通常扮演的角色不同。为了理解如何比较不同的手牌，我们来看几个例子。

(1) 假设你的手牌是2◇2♣3♠7♡10♡，而你对手的手牌是A◇Q♣4♣8♣10◇。你有一对2，而你的对手有一张Ace这样的大牌。你赢得比赛是因为对牌能够击败单张较大的牌。

(2) 现在假设你的手上的牌是2◇2♣Q♠Q♡Q♣，而你对手的手牌是A♠A♣3♠3♣3♡。因为你们俩都有满堂红(三张同一点数和两张同

表 9.1　扑克手牌列表

排位	名　　称	描　　述
1	皇家	手牌包含相同花色的 A、K、Q、J 和 10
2	同花顺	手牌包含连续值且同花色的五张牌。A 可以在 2 之前，但不能在 K 之后（因为那将是皇家）
3	四张同点数（或称炸弹）	手牌包含四张相同数值的纸牌（每张一个花色）
4	满堂红	手牌包含同一点数的三张牌和另外两张同一点数的牌
5	同花	手牌包含同一花色的五张牌，但不是顺子
6	顺子	手牌包含五张连续数值的纸牌，但不是同花顺
7	三张同点数（或称三条）	手牌包含三张相同点数的牌，但不是满堂红，也不存在四张相同点数的牌
8	两对	手牌包含两个对子，每对都有不同的点数
9	一对	手中包含两张相同点数的牌，但不是满堂红，也不存在四张相同点数的牌
10	高牌	手牌不属于以上任何一种情况

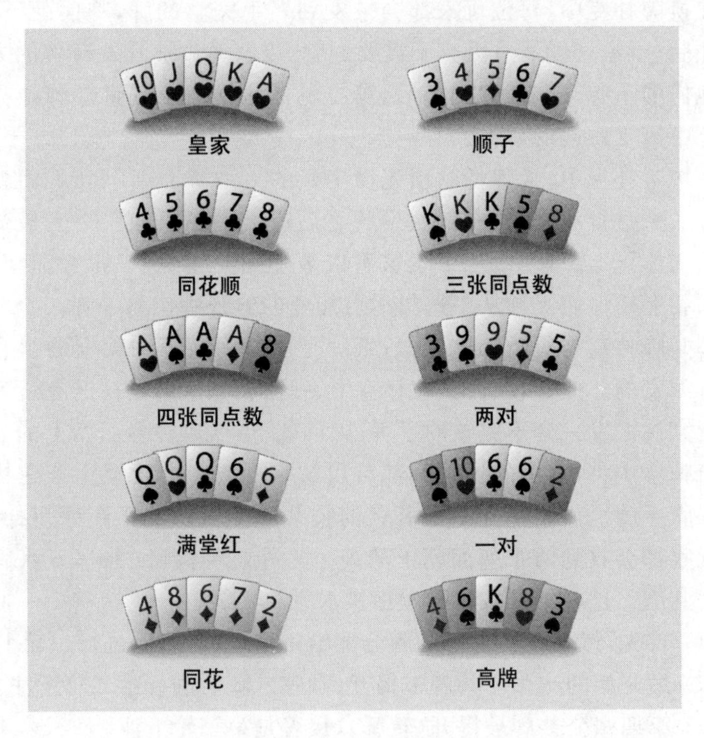

图 9.1　扑克手牌举例

一点数的牌),所以为了对你们的手牌进行比较,我们需要看看与牌相关联的数字是多少。我们首先比较与这三种同点数的牌相关联的数字。既然你有Q,而你的对手有3,所以你就赢了。

(3) 最后,假设你的手牌是A♣K♣Q♣J♣10♣,而你对手的手牌是A♡K♡Q♡J♡10♡。你们两个都有(皇家)同花顺,所以是平局,而且这个底池是在玩家之间划分的。

在玩扑克时,投注轮通常在几轮发牌之间的间隔进行(具体细节取决于您正在玩的牌种)。在这些投注期间,玩家轮流决定是否退出游戏(弃牌),增加他们的投注(加注),或者压上与另一位玩家相等的注额(跟注)。

9.2 扑克的变体

存在大量的扑克游戏变体,主要区别在于玩家手牌的形成方式。其中三种玩法现今特别流行。

在换牌扑克中,每位玩家都会被发到一手完整的牌,牌面朝下,并且在下注后,玩家可以通过丢弃不需要的牌,以及通过被派发新牌的方式来改善他们的手牌。在纸牌交换后,第二轮下注继续。五张换牌扑克是换牌扑克中最受欢迎的版本。

在梭哈扑克中,纸牌将以预先设定好的一种牌面朝下和牌面朝上的组合方式来进行派发,并在每次发牌之后进行一轮下注。今天最受欢迎的梭哈变体是七牌梭哈,每个玩家可以被发到七张牌(三张牌面朝下,四张牌面朝上),他们必须从中选出尽可能好的五张牌作为手牌。

公共牌扑克与梭哈扑克类似,纸牌是以牌面朝下和朝上的组合方式来进行派发的。但是,在公共牌扑克中,牌面朝上的牌是被所有玩家共享的。玩家被派发一套不完整的手牌,牌面朝下,然后许多面朝上的公共牌被发给牌桌中央,其中的每张牌都可以被一个或多个玩家用来建构自己的五张牌手牌。德州扑克是最著名的公共牌扑克玩法。在德州扑克中,每个玩家都会收到两张牌面朝下的牌。另外,所有玩家共享五张牌面朝上的公共牌。这些纸牌按以下顺序被派发:

(1) 首先,将两张面朝下的牌分配给每个玩家,然后进行一轮下注。

(2) 最开始的三张公共牌被揭开(翻牌),随后进行第二轮下注。

(3) 第四张公共牌被揭开(转牌),接着是第三轮下注。

(4) 最后的公共牌被揭开(河牌),然后是第四轮和最后一轮下注。

9.3　额外的规则

除了每位玩家在比赛期间进行的自愿投注之外，通常还会采用强制投注来为玩家创造奖励，即使手牌不好也可以下注。盲注是对一名或多名玩家的强制投注，而且是在发牌之前就投注的；这些经常用于换牌扑克和公共牌扑克。下小注是另一个强制下注的情况，它发生在纸牌被最初分发之后，但在其他任何行动发生之前。在梭哈扑克中下小注是常见的，并且由具有最差开放牌的玩家发起。

全押是另一种特殊类型的投注。面对某一次投注，由于缺乏足够的资金，你可能无法匹配对方的注额，你可以将自己剩余部分的筹码全部投入并宣布自己全押。现在你就可以在剩余的回合中保住你的牌，就好像你每次下注时都跟注一样，但是你可能不会从任何筹码量超过你的玩家那里获得更多的钱。

9.4　换牌扑克中手牌的概率

在换牌扑克中计算不同手牌的概率是特别容易的，因为玩家没有关于其他玩家纸牌的任何信息。我们首先计算使用前五张牌来构造不同类型手牌的概率。为了计算这些概率，请记住一手扑克牌是由五张卡牌组成的，这五张牌是从 52 张已经洗好的牌中无放回地随机抽取的。因此，所有卡牌出现在你手中的概率都相同，卡牌不能重复(你可以得到两个 Q，像 Q♢ 和 Q♠，但你的手中不能有两个 Q♠)，而且这些卡牌以怎样的顺序排列是无关紧要的。这意味着我们正在处理一个等概率空间，其中

$$P(\text{手牌类型})=\frac{\text{能够构成目标组合的手牌数量}}{\text{所有可能手牌的数量}}$$

因为我们正在抽牌而且没有放回，所以顺序并不重要，所以可能的手牌总数是

$$\begin{aligned}\text{所有可能的手牌总数}&=\binom{52}{5}=\frac{52!}{5!\times 47!}\\&=\frac{52\times 51\times 50\times 49\times 48}{5\times 4\times 3\times 2\times 1}\\&=2\,598\,960\end{aligned}$$

(请回想第 4 章的内容。)

现在我们只需要计算与表9.1中提到的每一种牌型相对应的手牌数量即可。考虑皇家和同花顺，请注意，对于四个花色中的每一种，由五张卡牌所组成的序列都有10种不同的可能：

```
A,2,3,4,5      2,3,4,5,6     3,4,5,6,7     4,5,6,7,8     5,6,7,8,9
6,7,8,9,10     7,8,9,10,J    8,9,10,J,Q    9,10,J,Q,K    10,J,Q,K,A
```

最后一个对应于皇家，而其他九个是常规的同花顺。由于牌堆里有四种花色，这意味着有四种卡牌的组合可以产生皇家，有36种组合可以产生同花顺。因此，

$$P(\text{皇家})=\frac{4}{2\,598\,960}\approx 0.000\,001\,54$$

$$P(\text{同花顺})=\frac{36}{2\,598\,960}\approx 0.000\,013\,85$$

对于四张同点数的类型，可以将问题分为两部分：首先，计算出四张相同点数的卡牌可能出现的情况有多少种，然后算出手牌中的第五张卡牌还有多少种可能可供选择。由于有13种可能的点数，所以计算可能的四张牌组合的数量很容易：共有13种可能。另一方面，第五张卡牌可以是剩下的48张卡牌中的任何一张。因此，

$$P(\text{四张同点数})=\frac{13\times 48}{2\,598\,960}\approx 0.000\,240\,1$$

现在来看看满堂红的概率。像以前一样，将问题分为两部分：首先计算可能出现的三元组(点数相同的三张牌)的数量，然后计算对子的数量。对于三元组的数量，如果考虑点数，可以有13种可能的选项与这个三元组相对应，如果考虑花色，可以有$\binom{4}{3}=\frac{4!}{3!\times 1!}=4$种可能的花色组合与这个三元组相对应(记住对于每个点数，你都有4种花色可供选择，而我们需要从中选择三种)。因此，三元组的数量是$13\times 4=52$。一个类似的推导过程可以用来计算对子的数量。有12个可能的点数可构成对子(因为用来构成对子的点数与三元组所使用的点数必须是不同的，于是给你留下的选项数量是12，而非13)，而且对于那些点数而言，有$\binom{4}{2}=\frac{4!}{2!\times 2!}=6$种花色的组合，所以一共有$12\times 6=72$种不同的对子。因此

$$P(\text{满堂红})=\frac{13\times 4\times 12\times 6}{2\,598\,960}\approx 0.001\,440\,576$$

接下来考虑同花的概率，它由五张相同花色的牌组成。给定一个花色，五

张牌相同花色的情况有$\binom{13}{5}=\frac{13!}{5!\times8!}=1287$种可能（回想每种花色有13张不同的牌），因为有四种可能的花色，所以一共有$4\times1287=5148$种这样的手牌。然而，这其中还包括了同花顺，这些是不应该被计算在内的，因此需要将同花顺的数量减掉（回想对于每种花色而言，包括皇家在内，有10种同花顺）。因此，同花的概率是

$$P(\text{同花})=\frac{4\times(1287-10)}{2\,598\,960}\approx0.001\,965\,4$$

对于一个顺子来说，其推理的方法与同花的情况非常类似。我们知道一共有10种不同的顺子序列：

```
A,2,3,4,5      2,3,4,5,6     3,4,5,6,7     4,5,6,7,8     5,6,7,8,9
6,7,8,9,10     7,8,9,10,J    8,9,10,J,Q    9,10,J,Q,K    10,J,Q,K,A
```

原则上来说，第一张卡牌的花色有四种选择，第二张卡牌的花色也有四种选择，以此类推。因此，对于10个顺子序列中的每一个，都有$4^5=1024$种花色的组合。但这个数字再次包含了同花顺，所以我们需要减去它们。因此，

$$P(\text{顺子})=\frac{10\times(1024-4)}{2\,598\,960}\approx0.003\,924\,647$$

就三张同点数的概率来说，注意到，如同满堂红一样，对于点数而言有13种选择，而这三张牌的花色有$\binom{4}{3}=\frac{4!}{3!\times1!}=4$种选择。对于手中的第4和第5张牌而言，它们可以是任何花色，但它们的点数必须彼此互异，同时也要与已经使用了的三元组之点数互异（否则，你就会得到一个满堂红或者四张同点数的手牌）。因此，对于剩余的两张卡牌而言，其花色有$4\times4=16$种选择，而它们的点数则可以有$\binom{12}{2}=\frac{12!}{10!\times2!}=66$种选择，于是

$$P(\text{三张同点数})=\frac{13\times4\times16\times66}{2\,598\,960}\approx0.021\,128\,45$$

对于两个对子出现的概率，其计算方法与前面的描述很类似。首先，需要从可能的13个选项中挑出2个点数（记住两个对子的点数必须是彼此不同的，否则就会导致一个四张同点数的情况），因此得到$\binom{13}{2}=\frac{13!}{11!\times2!}=78$种选择。接下来，需要为对子中的每张牌选择花色（对于花色而言，有

$\binom{4}{2}=\frac{4!}{2!\times 2!}=6$ 种选择)。最后,需要来看看第 5 张牌,它可以是剩余 44 张牌中的任意一张(已经在对子中使用了的牌,其相关联之点数共涉及 8 张牌,你需要将它们排除在外,否则你将得到一个满堂红而非两个对子)。因此,

$$P(\text{两个对子})=\frac{78\times 6\times 6\times 44}{2\ 598\ 960}\approx 0.047\ 539\ 02$$

最后,一个对子出现的概率是

$$P(\text{一个对子})=\frac{13\times 6\times 64\times 220}{2\ 598\ 960}\approx 0.4225$$

这个结果是这样来的:可用于构成对子的点数共有 13 种选择,对于对子中两种卡牌的花色共有 $\binom{4}{2}=\frac{4!}{2!\times 2!}=6$ 种选项。对于剩余三张牌而言,其剩余的三种花色,有 $4\times 4\times 4=64$ 种选项,而对于剩余的三张牌,其数量有 $\binom{12}{3}=\frac{12!}{9!\times 3!}=220$ 种选项。

我们刚刚讨论的计算可以使用建模的方式来轻松地证实。例如,三张同点数的概率可以用下面的程序近似得到。

```
> n = 100000
> cardnumbers = rep(c(seq(2,10), "J", "Q", "K", "A"), 4)
> cardsuits = rep(c("S", "C", "H", "D"), each = 13)
> isthreeofakind = rep(FALSE, n)
> for(i in 1:n){
+     carddealt = sample(seq(1,52), 5, replace = FALSE)
+     yourcardnumbers = cardnumbers[carddealt]
+     yourcardsuits = cardsuits[carddealt]
+     x = sort(table(yourcardnumbers))
+     if(length(x) == 3 & x[1] == 1 & x[2] == 1){
+        isthreeofakind[i] = TRUE
+     }
+ }
> sum(isthreeofakind)/n

[1] 0.02221
```

类似地,对于两个对子的概率有:

```
> n = 100000
> cardnumbers = rep(c(seq(2,10), "J", "Q", "K", "A"), 4)
> cardsuits = rep(c("S", "C", "H", "D"), each = 13)
```

```
> istwopairs = rep(FALSE,n)
> for(i in 1:n){
+     carddealt = sample(seq(1,52), 5, replace = FALSE)
+     yourcardnumbers = cardnumbers[carddealt]
+     yourcardsuits = cardsuits[carddealt]
+     x = sort(table(yourcardnumbers))
+     x
+     if(length(x) == 3 & x[1] == 1 & x[2] == 2){
+         isthreeofakind[i] = TRUE
+     }
+ }
> sum(istwopairs)/n

[1] 0.04832
```

我们现在考虑如果允许你更换手中的某些牌时不同手牌的概率会受到怎样的影响。例如,如果允许你最多更换一张扑克牌,请考虑获得同花顺的概率是多少。在这种情况下,可以将问题换一种形式来重新描述:如果你的牌数是6张,而非5张,那么你获得同花顺的概率是多少。事实上,额外的那张牌可能会被用到,也可能不需要被抽取,具体取决于你是否在第一手牌中就获得同花顺,但计算不受影响,因为你只有在需要的时候才会更换卡牌。

在这种情况下,可能手牌的总数是$\binom{52}{6}=20\,358\,520$。为了计算符合期望结果的手牌数量,注意到其中有五张卡牌需要与期望的结果相对应(一个同花顺),因此,与之前一样,前五张卡牌有36种可能的选择。另一方面,第六张牌可能是牌堆里的任何一张其他的牌(因此剩下的选择有47个)。于是,

$$P\left(\begin{array}{c}\text{在允许至多换一张牌}\\ \text{的情况下,出现同花顺}\end{array}\right)=\frac{36\times 47}{20\,358\,520}=\frac{6\times 36}{2\,598\,960}\approx 0.000\,083\,1$$

因此,通过允许玩家更换一张卡牌,同花顺出现的概率,尽管仍然很小,但也要比之前高出6倍之多!

9.5　德州扑克中手牌的概率

德州扑克现在是玩得最多的扑克玩法。使用多张公共牌比换牌扑克提供了更多下注的机会(允许更多的策略性打法),并且让游戏更难以预

测。事实上，随着翻牌、转牌圈与河牌的揭晓，每位玩家获胜的概率可能会发生巨大变化。在电视上播放的游戏中，通过显示玩家持有的牌和公共牌，以及每个玩家获胜可能性的变化，这种戏剧性的效果被充分地发掘了出来。

回想一下，在德州扑克中，玩家首先被发到两张牌面朝下的牌（有时称为洞牌或口袋牌），然后进行第一轮下注。可能的口袋牌数量相对较小

$$\text{口袋牌的数量}=\binom{52}{2}=1326$$

这就是在没有放回的情况下，可以从一个有52张牌的牌堆中抽到一个对子的情况的数量，而两张卡牌的先后顺序无关紧要。计算不同口袋牌出现的概率是非常简单的。例如，可以计算出现一个口袋对子（即两张口袋牌构成了一个对子）的概率为

$$P(\text{口袋对子})=\frac{13\times 6}{1326}\approx 0.0588$$

其中分子的计算来源于这样一个事实：对于对牌点数，我们有13种不同的选择，而对其花色的组合则有$\binom{4}{2}=6$种选择。

在德州扑克中计算赢牌的概率需要在公共牌已经被揭晓的情况下进行。例如，假设你的手牌是J♣J♠，而牌面朝上的牌是2◇K♠8♡Q♣8♣。假设你有两个对子，其中一对是与其他玩家共享的（是一对8）。表9.2展示了可以令一个对手（我们称他为马里克）赢过我们的可能之牌。现在，我们就着手计算与这些手牌相关的概率。

如果马里克有两个Q和两个8，他将击败我们的两个J和两个8。只要马里克手上有一张Q，外加除了2、8、Q或者K的任意一张牌（因为这些牌会构成三张同点数或者一个满堂红，这些我们稍后再来考虑），就能满足条件。因此，

$$P\begin{pmatrix}\text{对手靠着包含一个 Q}\\ \text{的两个对子而获胜}\end{pmatrix}$$
$$=P\begin{pmatrix}\text{Q 外加除了 2,8,Q 或 K 的任意一张牌，}\\ \text{或者任意一张不是 2,8,Q 或 K 的牌外加 Q}\end{pmatrix}$$

现在，马里克得到一张Q外加任何其他的一张牌，这种情况发生的概率是

P(Q外加一张不是2,8,Q或者K的牌)

$$=\underbrace{\frac{\overbrace{3}^{\text{三张Q尚在牌堆里}}}{45}}_{\text{你未曾见过的牌}}\times\frac{(\overbrace{44}^{\text{余下的牌}}-\overbrace{3}^{\text{减去在牌堆里的三个2}}-\overbrace{2}^{\text{减去在牌堆里的两个8}}-\overbrace{2}^{\text{减去在牌堆里的两个Q}}-\overbrace{3}^{\text{减去在牌堆里的三个K}})}{\underbrace{44}_{\text{你未曾见过的牌}}}$$

计算 P(一张不是2,8,Q或者K的牌外加Q)的方法完全一样。因此有,

$$P\begin{pmatrix}\text{对手靠着包含一个Q}\\\text{的两个对子而获胜}\end{pmatrix}=\frac{3\times34}{1980}+\frac{34\times3}{1980}=\frac{204}{1980}$$

表9.2 对手的手牌可以击败我们两个对子的情况

	对手的赢牌	对手的隐藏牌	概率
两个对子	两个Q和两个8	Q和除了2,8,Q或者K的任意一张牌	$\frac{204}{1980}$
	两个K和两个8	K和除了2,8,Q或者K的任意一张牌	$\frac{204}{1980}$
	两个A和两个8	A和A	$\frac{12}{1980}$
	两个Q和两个K	Q和K	$\frac{18}{1980}$
	两个Q和两个2	Q和2	$\frac{18}{1980}$
	两个K和两个2	K和2	$\frac{18}{1980}$
三张同点数	三个8	8和除了2,8,Q或者K的任意一张牌	$\frac{136}{1980}$
满堂红	三个2和两个8	2和2	$\frac{6}{1980}$
	三个K和两个8	K和K	$\frac{6}{1980}$
	三个Q和两个8	Q和Q	$\frac{6}{1980}$
	三个8和两个2	8和2	$\frac{12}{1980}$
	三个8和两个K	8和K	$\frac{12}{1980}$
	三个8和两个Q	8和Q	$\frac{12}{1980}$

四张同点数	四个8	8和8	$\frac{2}{1980}$

你会输掉的另外一种方式是马里克有两个K和两个8。如果他手中有一张K和另外任意一张牌(处理2,8,Q或K,否则将产生一手比两个对子更大的牌,我们稍后再做考虑),这样的情况就会发生。这个计算与之前计算的情形如出一辙。因此,概率是$\frac{204}{1980}$。

对于马里克来说,另外一种可能是他有两个A和两个8。如果他手中有两个A,那么这样的手牌就会出现。此情况发生的概率是

$$P(\text{A 和 A})=\frac{4}{45}\times\frac{3}{44}=\frac{12}{1980}$$

你对手的两个对子可以击败你的两个对子,那么他的对子会是两个Q和两个K,或者两个Q和两个2,或者两个K和两个2。如果马里克手里有一个Q和一个K,或者一个Q和一个2,或者一个K和一个2,相对应地,上述情况就会成立。这三种选择的概率可以用同样的方法来计算,因此我们仅关注马里克持有一个Q和一个K的概率:

$$\begin{aligned}P(\text{Q 和 K})&=P(\text{Q 和 K})+P(\text{K 和 Q})\\&=2\times\left(\frac{3}{45}\times\frac{3}{44}\right)=\frac{18}{1980}\end{aligned}$$

马里克也可以用三个同点数的牌来击败你。这种情况只有当马里克持有一个8外加任意一张其他牌(除2、8、Q或者K之外)时才会发生。事实上,注意到如果马里克持有两个2,那并不会得到一个三元组而是一个满堂红(如果你把公共牌里的两个8也纳入考虑的话)。出于同样的原因,如果马里克持有两个Q或者两个K,它们都将不会被计成是三条,而是一个满堂红。因此,三条出现的概率是

$$\begin{aligned}&P\begin{pmatrix}\text{8 和任意一张牌}\\\text{但不是 2,8,Q 或 K}\end{pmatrix}\\&=P\begin{pmatrix}\text{8 外加除了 2,8,Q}\\\text{或 K 的任一张牌}\end{pmatrix}+P\begin{pmatrix}\text{除了 2,8,Q 或 K}\\\text{的任一张牌外加 8}\end{pmatrix}\\&=2\times\left(\frac{2}{45}\times\frac{44-3-1-3-3}{44}\right)\\&=2\times\frac{68}{1980}=\frac{136}{1980}\end{aligned}$$

我们现在来考虑接下来一种更大的手牌,即满堂红。可以通过以下六种方式实现:

(1) 马里克持有两个2,构成了三个2和两个8。

(2) 马里克持有两个 K,构成了三个 K 和两个 8。

(3) 他可以持有两个 Q,便形成三个 Q 和两个 8 的组合。

(4) 如果他持有一个 8 和一个 2,他的手牌将是三个 8 和两个 2。

(5) 他也可以持有一个 8 和一个 K,这将导致他有三个 8 和两个 K。

(6) 最后,如果马里克持有一个 8 和一个 Q,他将有三个 8 和两个 Q。

第(1)、(2)和(3)种情况的概率都可以用同样的方式来计算。例如:

$$P(2\text{ 和 }2)=\frac{3}{45}\times\frac{2}{44}=\frac{6}{1980}$$

另一方面,持有一个 8 和一个 2 的概率是

$$P(\text{对手持有一个 8 和一个 2})=P(8\text{ 和 }2)+P(2\text{ 和 }8)$$

$$=\frac{2}{45}\times\frac{3}{44}+\frac{3}{45}\times\frac{2}{44}=\frac{12}{1980}$$

计算一个 Q 和一个 8 的概率如出一辙。

还有另外一种可能的方式,马里克可以击败你的两个对子;如果他的手牌里有两个 8,他将能构成一个炸弹。这种情况发生的概率是

$$P(8\text{ 和 }8)=\frac{2}{45}\times\frac{1}{44}=\frac{2}{1980}$$

一旦所有的情况都纳入考虑,你败北的概率就可通过对表 9.2 中最后一列进行求和来计算:

$$P(\text{对手获胜})=\frac{666}{1980}\approx 0.351\,515\,2$$

如果马里克有两张 J 留在牌堆里,那么你们就会形成平局,这样的概率是

$$P(\text{平局})=\frac{1}{\binom{45}{2}}=\frac{2}{1980}\approx 0.001$$

考虑到你获胜的概率相对较大(约 66%),你可以在最后一轮下注中增加投注,或许能大赚一笔。

9.6　习题

1. 在传统的换牌扑克中(会发给你 5 张牌,它们对于你的对手来说是未知的),第一回合的手牌里,可能会被发到四张点数相同的牌,这样的概率是多少?如果你被允许更换一张卡牌,那么概率又会是多少?

2. 在传统的换牌扑克中,第一回合的手牌里,你被发到一个同花的概率是多少?如果你被允许更换一张卡牌,那么概率又会是多少?

3. 考虑前面两个问题的计算,请问允许换牌是否对玩家更加有利?

4. 在传统的换牌扑克中,如果你被允许换一张牌,而且你当前的手牌是7♢10♣8♡5♢K♢,如果你仅换一张卡牌就会得到一个对子,请问这种情况的概率是多少?如果你决定更换四张牌并保留手牌中最大的那种牌(K♢),这样的概率是多少?

5. 你正在玩没有下小注的五牌梭哈扑克,并且只剩下一个对手。你展示的牌是2♢3♠Q♠Q♡,你的隐藏牌是A♡。你对手已经掀开的牌是7♡J♡K♢7♢。那么你赢得比赛的概率是多少?如果你的隐藏牌是K♣,那么概率又会变成多少?

6. 你正在玩没有下小注的五牌梭哈扑克,并且只剩下一个对手。你展示的牌是5♢3♠Q♠5♡,你的隐藏牌是5♠。你对手已经掀开的牌是7♡K♢7♢K♣。那么你赢得比赛的概率是多少?

7. 在一场只有两名玩家的德州扑克游戏中,你的手牌是8♣J♠,你对手的手牌是8♢10♢,在河牌之前,已经被亮在桌上的手牌为2♢K♠8♠Q♡。一旦河牌被揭晓你就会获胜的概率是多少?你会打平的概率是多少?

8. 如果你只知道你对手的一张牌,那么前一个问题的答案是什么?特别地,如果你唯一知道的对方那张手牌是8♢,情况会怎样?注意:这可能有点费力。

9. 在一场只有两名玩家的德州扑克游戏中,你的手牌是4♢6♠,你对手的手牌是10♠10♡,在河牌之前,已经被亮在桌上的手牌为7♢10♣8♡5♢。你赢的概率是多少?你会打平的概率是多少?

10. 在一场只有两名玩家的德州扑克游戏中,你的手牌是10♢J♢,你对手的手牌是9♠K♣,在河牌之前,已经被亮在桌上的手牌为9♢9♡8♣K♢。你赢的概率是多少?你会打平的概率是多少?

11. 在一场只有两名玩家的德州扑克游戏中,你的手牌是6♣A♡,你对手的手牌是10♠A♢,在河牌之前,已经被亮在桌上的手牌为9♢7♡8♣Q♢。你赢的概率是多少?你会打平的概率是多少?

12. 在一场只有两名玩家的德州扑克游戏中,你的手牌是10♢10♠,你对手的手牌尚未知晓。已经被亮在桌上的手牌为K♢K♡2♣K♠。你赢的概率是多少?这将会是一个相当长的计算;你可以先大致描述一下你的解法,再补充尽可能多的细节,这将会是比较好的。

13. [R] 通过建模的方式来证实同花概率的计算结果。如果你想得到这个概率的准确估计值,你需要做多大规模的仿真?

14. [R] 在换牌扑克中,手牌替换的策略并不总是显而易见的。一个常见的难题描述如下:假设你的五张手牌的构成情况为:一对2,一个A,另外两张牌既不是2,也不是A,也不成对。你应该保留一对2并替换另外三张牌,还是应该保留A并替换另外四张牌?在R中编写一个模拟程序可以帮助你确定哪个选项能带来更大的手牌。

15. [R] 通过建模的方式来估计你赢得一场德州扑克比赛的概率,其中你持有的手牌是K♣2♡,此外五张公共牌是A◇6♡3♣K♠10♠。

第 10 章　完全信息下的策略性零和博弈

到目前为止，已将大部分注意力集中在随机游戏上，玩家与一个非智能对手进行对抗。现在把注意力转向策略性博弈，其中两个理性的对手力图胜过彼此。在这种情况下，玩家仍然试图最大化他们各自的效用，但现在玩家甲的对手乙具有预测甲行为的能力，因此甲需要应对对手的这种能力，并采取相应行动。正因如此，选择最优行动的过程涉及了预测我们的对手在面对他自己的选择时会更偏好什么。而我们自己的最优策略也需要精心设计，这种设计是通过不断调节我们对竞争对手的理性偏好的预期来完成的。

为了强调差异，比较二十一点和扑克游戏。在玩二十一点时，我们设计了基本策略，即知道庄家将始终保持在 17 点以上，且在 16 点或以下就会不断拿牌。只要庄家牌面朝上卡牌表明他有很大的机会爆掉（例如，如果庄家显示一个 6 点），那么我们保持相对较低的点数（比如 14 点）就是合理的。这是因为庄家总是采取同样的策略，而且即使我们现在的手牌只有 14 点，庄家也会在 16 点时选择继续拿牌。这与扑克中的情况不同，彼时我们需要考虑到其他玩家在投注时可能只是虚张声势。

我们首先考虑尽可能简单的策略性博弈，其中包括两个智能对手，他们在一场比赛中试图胜过彼此，一名选手的胜利就意味着另一名选手的败北。这些类型的博弈称为策略性零和博弈，因为一个玩家的利润就等于其对手的损失。

10.1　占优策略博弈

考虑下面这个策略性博弈，它包含了两家销售矿泉水的公司。我们把他们称为佩尔和艾然。每家公司在每个周期里都有一个大小为 5000 美元的固定开销，无论它们是否卖出东西。两家公司争夺同一市场，而且每家公司必须从一个高售价（2 美元每瓶）或一个低售价（1 美元每瓶）中二选一。博弈的规则如下：

- 价格为 2 美元时，总共可以售出 5000 瓶，总收入为 1 万美元。
- 价格为 1 美元时，总共可销售 1 万瓶，总收入为 1 万美元。
- 如果两家公司选择相同的价格，那么他们就会平分总共的销售量。
- 如果一家公司选择较高的价格，那么价格较低的那家公司就会独占全部的市场份额，而价格较高的公司则会什么也卖不出去。
- 这两家公司都希望最大化各自的利润，利润就等于从销售收入中减去 5000 美元固定成本所得的结果。

根据这些规则，可能会出现四种情况：

- 如果两家公司都选择高价(2 美元)，那么 5000 瓶矿泉水都将以每瓶 2 美元的价格出售，两家公司将平分总额为 1 万美元的收入。因此，一旦扣除固定成本，每家公司的收入为 5000 美元，净利润为 0 美元。
- 如果两家公司都选择低价(1 美元)，那么 1 万瓶矿泉水以每瓶 1 美元的价格出售。总收入还是 1 万美元，佩尔和艾然将均分这笔收入。如前所述，这导致两家公司的净利润都为 0 美元。
- 如果佩尔选择高价，而艾然选择低价，那么所有的收入(1 万美元)将流向艾然，从而艾然将实现总计为 5000 美元的净利润。反过来，这意味着佩尔没有收入，并造成 5000 美元的净亏损。
- 在同样的逻辑下，如果佩尔选择低价，艾然选择高价，那么佩尔将获得 5000 美元的净利润，而艾然则会承受 5000 美元的亏损。

表 10.1 总结了每个公司在四种策略组合中的每一种下获得的效用(在当前例子中，即为利润)。这种类型的表称为博弈的正则形式(或标准形式)。每个单元格上的第一个数字表示艾然在这种策略组合下得到的净利润，而第二个数字则对应于佩尔的净利润。请注意，在每个框中，两个数字的总和相同(在本例中为零)。事实上，这就是一个零和博弈的例子。

表 10.1　佩尔和艾然之间博弈的利润

		佩尔	
		低价	高价
艾然	低价	(0,0)	(5000,−5000)
	高价	(−5000,5000)	(0,0)

零和博弈

在零和博弈中,所有玩家的效用总和对于每种策略组合来说都是恒定的(通常为零,但也不一定为零)。更确切地说,在一个零和的情况下,一个玩家的收益就等于其对手的开销。

在处理像这样的策略性博弈时,我们的目标是预测每个玩家的表现(在我们正在讨论的示例中,这里所谓的表现就是指玩家们将选择什么样的价格)。我们称这种预测为博弈的解。为了构建我们的解,假设两家公司都会预测对手的行为,并据此采取行动以尽量实现自己的利润最大化。要做到这一点,我们首先从佩尔的角度出发,通过探索其所做选择的后果来审视这个问题:

- 首先,假定艾然决定将其产品的价格设定为 1 美元(即我们正位于表 10.1 的第一行)。在这种情况下,佩尔要么会损失 5000 美元(如果它选择高价格),要么不赚钱(如果它选择低价格)。因此,在这种情况下,佩尔的最优选择(我们称之为最优响应)是将其价格设定为 1 美元。
- 然后,假设艾然决定将其产品的价格设定为 2 美元(即我们正位于表 10.1 的第二行)。因此,佩尔要么没有利润(如果它选择以 2 美元的价格来定价),要么通过将价格设定为 1 美元来可能获得 5000 美元的利润。同样,佩尔最好的选择是将矿区水的价格设定为 1 美元。

因此,无论艾然决定做什么,佩尔的最优决定都是设定一个低价格(L),所以艾然可以合理地期望佩尔确实会这样做。因为博弈是对称的(即如果我们从艾然的角度来看问题,同样的推理也适用),我们可以预测艾然也会选择以 1 美元(L)的低价来定价。总之,我们可以相当肯定博弈的理性结果是玩家会为他们的产品选择低价,我们将其表示为(L,L)。该问题是两个玩家都拥有占优策略的一个博弈例子。

占优策略

占优策略是这样一种策略,在所有情况下,该策略至少与备选项一样好,在某些情况下更好。当一个理性玩家拥有占优策略时,我们可以相当肯定地认为他会完全按照这个策略来行事。

我们刚发现的占优策略给出的解(L,L)具有一些有趣的性质。例如,假设两家公司每 6 个月重新评估产品的价格(即他们进行多轮博弈),并且他们在前一轮使用的粗略是(L,L)。那么,只要他们相信其他玩家会坚持本轮使用的策略,他们就都没有动力去改变下一个策略。也就是说,策略的单方面变化对任何一个参与者都不利,因此极不可能发生。请注意,该属性不会被其他三种策略共享。另外,每个玩家的策略都是对另一个玩家行为的最优响应(如果艾然设置了低价格,佩尔可以采用的最优响应也是低价格,反之亦然)。我们称满足这两种性质的策略对为纳什均衡,以纪念约翰·福布斯·纳什。电影《美丽心灵》所描绘的就是纳什的生平。

纳什均衡

在一个完全信息的双人博弈中,如果一对策略(每个玩家都有一个策略)彼此都是最优响应,那么这对策略就称为纳什均衡。

我们可以对纳什均衡进行合理化,即将其看成是玩家在反复博弈之后学习的结果。例如,假设艾然和佩尔进行多轮博弈,而且在开始时这两个玩家都采用高价策略。这样一段时间后,其中一名玩家(比如艾然)很可能明智地认识到他们可以通过改用低价策略来减少损失,从而从他们的对手那里赚钱。然而,一旦高价格策略的坚持者(佩尔)意识到其他对手将改用低价策略,那么他们也将转向低价策略。一旦双方决定选择低价,他们就没有理由单方面地改变其策略。但是,请注意,这种解释仅适用于可以反复重复的博弈,就像第 1 章讨论的频率主义者对概率的解释一样。

到目前为止,在我们所使用的策略中,玩家都会反复地采取他们的一个行动。这种策略称为纯策略。

纯策略纳什均衡

如果在均衡状态下,每个参与者总是采取相同的行动,我们就称这种纳什均衡为纯粹策略纳什均衡。

请注意,我们用来获得博弈解的过程对玩家进行了一些假设。首先,我们假设所有参与者都是理性的(即他们会最大化某种效用函数)。其次,我们假设所有的参与者都知道其他参与者是理性的,遵循相同的规则,并且知道其他参与者的效用函数是什么样的(即理性和效用函数都是常识)。最后,我们假设玩家在不知道其他玩家的选择的情况下同时开展行动(在佩尔和艾然的例子中,这个最后的假设并没有带来什么不同,但在将来它可能会造成某种差异)。除非另有说明,否则我们将在本书的其余部分保留这些假设。

10.2 占优及劣势策略博弈的求解

现在考虑另一个与政治有关的例子。两位总统候选人(称他们为马特和凌)正在进行辩论,他们需要确定他们在两个相互矛盾的问题上的立场(例如是否要增加所得税),或者他们是否应该选择回避这个问题。假设在广泛的民意调查之后,政治分析人员对每个候选人对于每种立场的组合将获得的选票百分比达成了某种共识。表 10.2 列出了这些百分比。

表 10.2 马特和凌获得选票的情况(第一种场景)

		马特		
		增加	不增加	回避议题
凌	增加	(45%,55%)	(50%,50%)	(40%,60%)
	不增加	(60%,40%)	(55%,45%)	(50%,50%)
	回避议题	(45%,55%)	(55%,45%)	(40%,60%)

如前所述,每个单元格中的第一个数字代表凌获得的选票比例,第二个数字代表马特所获选票的百分比。尽管每个单元格中数字的总和都是 100%而非 0,但这仍然是一个零和博弈。事实上,由于博弈的解依赖于偏好的排序而不是确切的数值,我们可以从表 10.2 中的每个条目中减去 50,从而在不改变解的情况下使得每个条目中的值相加都等于 0。

首先从马特的角度来考虑博弈,并找出他对凌的每个动作的最优响应。如果凌支持加税,马特应该回避这个议题,这会让他得到 60%的选票。另一方面,如果凌决定不支持加税,马特也应该回避这个议题,如此一来,两个候选人将会打成平局。最后,如果凌决定回避这个议题,马特还是应该选择回避这个议题,从而获得 60%的选票。表 10.3 总结了这些观察结果。

让我们来看看凌的最优响应。如果马特决定支持加税,凌不应该支持这种立场,她会因此获得 60%的选票。如果马特决定不支持加税,那么凌可以不支持,也可以选择回避这个议题,这将使她获得 55%的选票。最后,如果马特回避这个议题,凌就不应该支持加税,这将再次让每个人都得到 50%的选票。表 10.4 总结了这些结果。

表 10.3　对于马特而言的最优响应(第一种场景)

如果凌的决策是	马特应该
支持加税	回避议题
不支持加税	回避议题
回避议题	回避议题

表 10.4　对于凌而言的最优响应(第一种场景)

如果马特的决策是	凌应该
支持加税	不支持加税
不支持加税	不支持加税或回避议题
回避议题	不支持加税

一旦获得最优响应,这场博弈的分析是相对简单的。请注意,不管凌做什么,马特都应该回避关于税收这个议题的讨论。另外,请注意,无论马特如何做,不支持增税对于凌来说总是最优的。换句话说,这两种策略是占主导地位的。因此,期望凌不会支持增加税收是合理的,而马特会回避关于该话题的任何讨论,这将导致候选人均分选票。和以前一样,这个解对应于纳什均衡,因为它们彼此都是最优响应,所以激励玩家单方面改变其策略的动因是不存在的。

现在考虑对这个政治博弈进行一些细微的修改,其中每个候选人获得选票的份额在表 10.5 中给出。在这种情况下,如果凌选择支持加税,马特最好不支持增加。另一方面,如果凌不支持增加,马特应该回避这个议题;如果凌回避这个问题,马特不应该支持加税。从凌的角度来看,如果马特支持加税,凌就不应该支持加税。如果马特不支持这一增长,则凌应该再次不支持这一增长。最后,如果马特回避增税问题,

表 10.5　马特和凌获得选票的情况(第二种场景)

		马特		
		增加	不增加	回避议题
凌	增加	(45%,55%)	(10%,90%)	(40%,60%)
	不增加	(60%,40%)	(55%,45%)	(50%,50%)
	回避议题	(45%,55%)	(10%,90%)	(40%,60%)

那么凌应该(第三次)不支持这种增加。表10.6和表10.7总结了这些结果。

表10.6 对于马特而言的最优响应(第二种场景)

如果凌的决策是	马特应该
支持加税	不支持加税
不支持加税	回避议题
回避议题	不支持加税

表10.7 对于凌而言的最优响应(第二种场景)

如果马特的决策是	凌应该
支持加税	不支持加税
不支持加税	不支持加税或回避议题
回避议题	不支持加税

与我们之前的例子不同,马特并没有一个占优的策略。这可能意味着解决这个博弈要困难得多。然而,情况并非如此。不支持加税,对于凌来说,是一个占优的策略;因此,我们可以肯定,她会采纳它。一旦我们知道凌不会支持增加税收,我们之前的讨论表明马特的理性反应应该是回避这个议题,这又导致两位候选人将分别获得50%的选票。这个解又是一个纳什均衡。

下面考虑最后一组收益场景,如表10.8所示。表10.9和表10.10给出了对应的最优响应。在这种情况下,没有一个玩家拥有占优策略,也就是说,就任意一个玩家而言,他具体该采取什么样的行动并不是马上就能轻易看出来的。但是,马特不应该做什么却是相当明显的。事实上,表10.10显示马特绝不应该回避议题,因为回避从来都不是最优响应。同样,从表10.9可以注意到,支持加税对于凌从来都不是一个好主意。这一观察结果表明,回避(在马特的情况下)和支持加税(就凌的情况而言)是劣势策略。

表10.8 马特和凌获得选票的情况(第三种场景)

		马特		
		增加	不增加	回避议题
凌	增加	(35%,65%)	(10%,90%)	(60%,40%)
	不增加	(45%,55%)	(55%,45%)	(50%,50%)
	回避议题	(40%,60%)	(10%,90%)	(65%,35%)

劣势策略

一个在所有情况下都不比其他备选方案好(在某些情况下甚至更糟)的策略称为劣势策略。如果某玩家有一个劣势策略,可以相当肯定他们永远不会执行它。

表 10.9　对于马特而言的最优响应(第三种场景)

如果凌的决策是	马特应该
支持加税	不支持加税
不支持加税	支持加税
回避议题	不支持加税

表 10.10　对于凌而言的最优响应(第三种场景)

如果马特的决策是	凌应该
支持加税	不支持加税
不支持加税	不支持加税
回避议题	回避议题

通过减少需要考虑的行动的数量,寻找劣势策略可以帮助我们求解博弈问题。事实上,由于马特永远不会回避议题,而凌永远不会支持加税,所以我们可以简单地从表中删除相应的行和列,并使用缩减版的博弈,见表10.11。在这个缩减版的博弈中,我们只需要考虑凌对马特支持或不支持加税的反应,以及马特对凌不支持加税或回避议题的反应。因此,很容易看出,无论马特选择哪种理性的选项,凌的最优响应都不是支持增加税收。换句话说,尽管原始博弈中没有任何占优策略,但一旦劣势策略被淘汰,不支持增税就成为了凌的占优策略。博弈的最终解由此而得,即通过注意到马特对凌不支持加税的占优策略的最优响应是马特支持它,这将导致45%的选民支持凌,而另外的55%支持马特。

表 10.11　马特和凌投票情况的缩减版结果

		马特	
		增加	不增加
凌	不增加	(45%,55%)	(55%,45%)
	回避议题	(40%,60%)	(10%,90%)

10.3 双人零和博弈的一般解

当占优或劣势策略存在时，通常可以通过应用前面讨论的两个见解来求得博弈的解：

- 如果一个策略对一个玩家来说是占优的，我们可以肯定她会使用它，因此我们只需要看看另一个玩家对占优策略的最优响应。
- 如果一个策略对一个玩家来说是劣势的，我们可以简单地移除矩阵中的相应列或行，并在缩减版的博弈基础上进行分析。

然而，并非所有的博弈都有占优或劣势策略，所以这些工具在求解一个非零和博弈时未必都能有效。更一般的求解博弈的方法用到了一个事实，即一个纳什均衡总是对应着一对策略，而这对策略中的双方彼此都是对方的最优响应。例如，考虑情况如表 10.12 所示的双人博弈。表 10.13 和表 10.14 对两名玩家的最优响应进行了总结。

表 10.12　一个没有最优或劣势策略的博弈

		玩家 2		
		A	B	C
玩家 1	D	(3,−3)	(4,−4)	(5,−5)
	E	(2,−2)	(1,−1)	(−6,6)
	F	(−1,1)	(5,−5)	(−2,2)

表 10.13　没有最优或劣势策略的博弈例子中玩家 1 的最优响应

如果玩家 2 选择	玩家 1 应该选择
A	D
B	F
C	E

表 10.14　没有最优或劣势策略的博弈例子中玩家 2 的最优响应

如果玩家 1 选择	玩家 2 应该选择
D	A
E	B
F	C

从最优响应表格中，我们应该清楚地看到，对于任何玩家来说都没有占优或劣势的策略。但是，请注意，策略对(D, A)由两个相互最优的响

应组成(A 是对 D 的最优响应，而 D 是对 A 的最优响应)，并且这是具有该特性的唯一一个策略对。因此，该策略对(D, A)是这个博弈中唯一的纯策略纳什均衡。

非常重要的一点是我们应该注意到纳什均衡可能并不唯一。例如，考虑表 10.15 中所给出的博弈，其中包含了四个均衡：(A,A)、(A,C)、(C,A)和(C,C)。零和博弈情况下，所有的均衡必须具有相同的收益，所以参与者之间将是无差别的(但对于更加一般的博弈来说，如第 12 章所讨论的博弈，收益可能会不同)。

表 10.15　多均衡博弈的例子

		玩家 2		
		A	B	C
玩家 1	A	(0,0)	(1,−1)	(0,0)
	B	(−1,1)	(0,0)	(−1,1)
	C	(0,0)	(1,−1)	(0,0)

10.4　习题

1. 最近，《纽约时报》的一篇文章中包含了这样的陈述："答案很简单，因为我们政治上的零和博弈属性要求一方代表进步，而另一方代表现状。"请结合上下文，解释其中"零和博弈"的意思。

2. 下面的表格对应于玩家 A 在零和博弈中的收益，当 A 采取行中的策略时，列中的策略与 B 相对应。

		玩家 B		
		L	M	H
玩家 A	D	19	0	1
	F	11	9	3
	U	23	7	−3

(1) 对于任何一名玩家是否存在劣势策略?

(2) 对于任何一名玩家是否存在占优策略?

(3) 该游戏的一个均衡策略是什么?

(4) 该博弈的收益是什么?

3. 下面的表格对应于玩家丽萨在零和博弈的收益，当丽萨采取行中的策略时，列中的策略与琼斯相对应。

		琼斯		
		1	2	3
丽萨	1	−2	1	1
	2	−3	0	2
	3	−4	−6	4

（1）对于任何一名玩家是否存在劣势策略？

（2）对于任何一名玩家是否存在占优策略？

（3）该游戏的一个均衡策略是什么？

（4）该博弈的收益是什么？

4. 下表对应于玩家嘎嘎小姐在零和博弈的收益，当嘎嘎小姐采取行中的策略时，列中的策略与玩家夏奇拉的可用选项相对应。

		夏奇拉		
		x	y	z
嘎嘎小姐	a	2	1	3
	b	−1	1	2
	c	−1	0	1

（1）对于任何一名玩家是否存在劣势策略？

（2）对于任何一名玩家是否存在占优策略？

（3）该游戏的一个均衡策略是什么？

（4）该博弈的收益是什么？

5. 证明表 10.15 中给出的博弈确实有四个纳什均衡（A，A）、（A，C）、（C，A）和（C，C）。

6. 在一个简化的、单步动作的击剑比赛中，每个选手都有四个不同的动作：两种攻击动作（A1 和 A2）和两种防守动作（D1 和 D2）。攻击动作 A1 对攻击动作 A2 和防守动作 D2 非常有效（给使用它的选手分别带来 4 分和 3 分的得分）。防守动作 D1 对抗攻击动作 A1 非常有效（带来 2 分的得分），但这对 A2 不是一个好动作（会令使用者丢掉 1 分），又略好于防守动作 D2（得 1 个胜利分）。最后，防守动作 D2 对攻击动作 A2 非常不利（会令使用者丢掉 3 分）。两名选手选择相同的动作时，结果就是一个平局（每人都得到 0 分），并且无论哪个选手胜利（或败北），其他选手都会相应地败北（或胜利）。这是一个双人零和博弈吗？这场博弈有一个均衡点吗？

7. “偶数还是奇数？”是葡萄牙的一个儿童双人游戏。参与游戏的人轮流说“偶数”（或“奇数”）；在数到 3 的时候，玩家用手显示一个数字；如果两个数字的总和是偶数，而玩家说出的也是“偶数”，或者如果总和是奇数，而玩家说出的也是“奇数”，这样便会获胜。如果两位玩家都猜对，或者两位都猜错，就会出现平局。这是一个零和博弈吗？为什么？以正则形式设定博弈，看看它是否有一个纯策略。

8. 两名玩家正在就如何划分 1 讨价还价。两位玩家同时提出他们想获得的份额，即 x 和 y，其中 $0\leqslant x,y\leqslant 1$。如果份额的总和少于 1，每人获得他们指定的份额。另一方面，如果总和大于 1，那么两个玩家都会得到零。证明五五的分割方式是这个问题的纯策略纳什均衡。这种均衡是唯一的吗？为了回答这个问题，假设玩家的效用函数是严格的币值效用（即他们不会从占对手便宜中获得任何效用）。提示：回想一下纳什均衡的定义，它是一对彼此为最优响应的行为。三七是否是一个平衡点？1∶99 是否是一个平衡点？

第11章 石头-剪刀-布：零和博弈中的混合策略

并非所有的双人零和博弈都接受纯策略均衡(即一个导致玩家总是不断使用相同策略的解)。一个著名的例子就是“石头-剪刀-布”游戏，在英语里它也被称为 roshambo。石头-剪刀-布是两个玩家之间的一种手势游戏，要求二人同时在三个手势中选择(对应于石头、剪刀或布)。游戏的目标是选择一个能击败对手的手势，每轮的获胜者从对家中获得1美元。游戏的规则如下：

- 石头能破坏剪刀，因此石头会击败剪刀。
- 剪刀能剪开布，因此剪刀击败布。
- 布能覆盖石头，因此布击败石头。
- 如果两个玩家选择相同的手势，则游戏会产生平局。

表11.1给出了嘉豪和安东尼这两位玩家的竞赛收益。鉴于将两名玩家在所有表格项给出的产出加总后，所得的数量是相同的，这显然是一场零和博弈。正如我们以前所做的那样，在求解该博弈问题时，我们的下一步是从每个玩家的角度出发，得出他们的最优响应(对于你来说那可能已经很明显了)。表11.2给出了针对嘉豪而言的最优响应。由于博弈的对称性，同样的表格也适用于安东尼。

表11.1 石头-剪刀-布中玩家的收益

		安东尼		
		石头	布	剪刀
嘉豪	石头	(0,0)	(−1,1)	(1,−1)
	布	(1,−1)	(0,0)	(−1,1)
	剪刀	(−1,1)	(1,−1)	(0,0)

表 11.2　石头-剪刀-布游戏中对于嘉豪来说的最优响应

如果安东尼选择	嘉豪应该选择
石头	布
布	剪刀
剪刀	石头

请注意，没有策略组合可以实现纯策略均衡：一旦嘉豪知道安东尼肯定会出(说)石头，他就有一个明确的动机跟着出布。但是，一旦嘉豪意识到安东尼将会出布，他就有动机开始出剪刀。反过来，这会导致安东尼选择出石头。因此，反复地进行该游戏的玩家们将倾向于不断循环地遍历不同的手势。这与我们之前讨论的例子不同，彼时一旦均衡策略达成，玩家就不再有动力单方面地改变。

如果你曾经玩过石头-剪刀-布，你可能已经想过，以一种或多或少的不可预测的方式来不断改变你的手势，比总是选择相同手势来说是更好的策略。确实，事实证明，这个游戏的最优策略就是在三种可用的策略中进行随机选择。在石头-剪刀-布中，每种策略应该多久出一次呢？因为玩这个游戏的收益在所有策略下都是相同的(1 美元)，因此(正确的)直觉就是这样的，即玩家应该在各种策略之间交替，于是每种策略的出现时间大概都占 1/3。像这样在游戏中每次都随机选择行动的博弈策略称为混合策略。这个与我们在前一章中研究的纯策略形成了鲜明的对比，彼时策略一直是采取相同的行动。

混合策略纳什均衡

在均衡中，如果每个玩家的选择满足某种给定的概率分布，他们每次进行博弈时会按照该分布所给定的概率来随机化他们的行为，我们就说这样的纳什均衡涉及混合策略。

在现实生活中，因为人类非常不善于跳出既有的行为模式，混合策略均衡作为重复博弈的长期结果，有时是无法实现的，尽管如此，它们仍然是继续博弈的最佳方式。

11.1　寻找混合策略均衡

对于每个玩家来说都有一组可采取的行动，而在零和博弈中推导混合策略均衡的一般方法就是找到能够描述这些行动的概率，如此一来，如果对手打算根据各种行动的概率来随机化其策略选择，玩家都将不为所动，反之亦然。的确，如果双方都乐于随机化，那么与每个替代方案相关的预期效用就应该是相同的（否则，玩家不会执行随机化，而是会始终选择最大化其效用的选项）。

下面用石头-剪刀-布这个例子来阐释一下该原理。令 q_r 是安东尼选择出石头的概率，q_p 是他选择出布的概率，q_s 是他选择出剪刀的概率。注意，因为可用的选项只有这三个，这些概率需要满足 $q_r+q_p+q_s=1$。那么对于嘉豪来说，每种策略的期望值由表 11.3 给出。

表 11.3　如果嘉豪假设安东尼以概率 q_r 来选择出石头，以概率 q_p 来选择出布，以概率 q_s 来选择出剪刀，那么与他所采取的不同行动相关联的效用

如果嘉豪选择	对于安东尼来说，博弈的期望值是
石头	$0\times q_r+(-1)\times q_p+1\times q_s=q_s-q_p$
布	$1\times q_r+0\times q_p+(-1)\times q_s=q_r-q_s$
剪刀	$(-1)\times q_r+1\times q_p+0\times q_s=q_p-q_r$

现在，请记住，没有任何策略本身就是所有策略中最好的；这意味着理性的玩家在各种策略之间，将不会有任何特别的偏好。这反过来意味着所有策略的期望值都需要彼此平等。例如，我们可以使石头和布博弈的期望值同石头和剪刀的一样。这就导致
从第一行和第二行可得

$$q_s-q_p=q_r-q_s \tag{11.1}$$

从第一行和第三行可得

$$q_s-q_p=q_p-q_r \tag{11.2}$$

同时，还有所有概率之和等于 1 这个事实

$$q_s+q_p+q_r=1 \tag{11.3}$$

便得到一个包含三个未知数（对应于安东尼将选择每个策略的概率）的三个方程的系统。为了解这个方程组，首先把式(11.1)和式(11.2)加到一起得到

$$2q_s-2q_p=q_p-q_s \quad \Leftrightarrow \quad 3q_p=3q_s \quad \Leftrightarrow \quad q_p=q_s \tag{11.4}$$

将该结果代入式(11.1)中，又得到

$$q_s-q_s=q_r-q_s \quad \Leftrightarrow \quad q_s=q_r$$

因此，我们展示了全部三个概率需要相等。鉴于我们还需要令加和的结果等于 1(参见式(11.3))，可得

$$q_r + q_r + q_r = 1 \quad \Leftrightarrow \quad 3q_r = 1 \quad \Leftrightarrow \quad q_r = \frac{1}{3} = q_p = q_s$$

由于博弈的对称性，同样的论点也适用于嘉豪的随机化策略，在每次玩的时候，每个玩家随机（并独立地）从可用的三个选项中以等概率选择一个手势就对应于博弈的均衡点。那么该博弈的期望值就是

$$E(\text{石头 - 剪刀 - 布中的效用} \mid \text{玩家采用混合策略均衡})$$
$$= 0 \times \frac{1}{3} + (-1) \times \frac{1}{3} + 1 \times \frac{1}{3} = 0$$

于是，如果博弈重复多次并且嘉豪采用最佳混合策略，至少他一定不会长期亏钱。也就是说，如果玩家采用纳什均衡作为他们的策略，那么他们将都不会赚到钱。为了证实这一点，以下程序将纳什均衡所隐含的最优策略（嘉豪将总是执行它）与安东尼所执行的其他策略进行对比。

```
> n = 50000
> opt = c("P", "R", "S")
> player1strat = c(1/3, 1/3, 1/3)
> player2strat = c(0.1, 0.8, 0.1)
> outcome = rep(0, n)
> for(i in 1:n){
+     play1 = sample(opt,1,replace = T,prob = player1strat)
+     play2 = sample(opt,1,replace = T,prob = player2strat)
+     if(play1 == "P"){
+         if(play2 == "S"){
+             outcome[i] = "L"
+         }else{
+             if(play2 == "R"){
+                 outcome[i] = "W"
+             }else{
+                 outcome[i] = "T"
+             }
+         }
+     }else{
+         if(play1 == "R"){
+             if(play2 == "S"){
+                 outcome[i] = "L"
+             }else{
+                 if(play2 == "P"){
+                     outcome[i] = "W"
+                 }else{
+                     outcome[i] = "T"
```

```
+                   }
+               }
+           }else{
+               if(play2 == "R"){
+                   outcome[i] = "L"
+               }else{
+                   if(play2 == "S"){
+                       outcome[i] = "W"
+                   }else{
+                       outcome[i] = "T"
+                   }
+               }
+           }
+     }
+ }
> profit = (outcome == "W") - (outcome == "L")
> mean(profit)

[1] -0.00064
```

在上面的模拟程序中,假设安东尼在10%的时间里选择布,在80%的时间里选择石头,在10%的时间里选择剪刀,但结果是一样的,无论安东尼做什么,安东尼和嘉豪的长期利润总是零。在这个游戏中,纳什均衡可以被想成是最好的防守策略,无论其他玩家做什么,你都不会赔钱。这个陈述的另一面是,如果其他玩家使用纳什均衡作为其策略,那么对于挣更多钱这个目标,你将无计可施。

纯策略是混合策略的特殊情况,与其中一个替代方案相关联的概率等于1。通过扩大可能策略的空间以使其包含混合策略,我们可以保证很大一类零和博弈有一个由纳什均衡给出的解。这便是极小极大定理所给出的一个结果:

极小极大定理

对于每个包含有限策略的双人零和博弈,就每个玩家来说,存在一个值 V 和一个混合策略,使得(1)给定玩家2的策略,玩家1可能获得的最佳收益是 V,以及(2)给定玩家1的策略,玩家2可能获得的最佳收益是 $-V$。

简而言之,极小极大定理表明,每个包含有限多策略的双人、零和博弈都至少有一个解,该解会需要玩家使用混合策略。

11.2　运动中的混合策略均衡

混合策略均衡出现在许多运动中，包括棒球、足球和橄榄球。例如，假设当前你正在踢足球，特别地，你将要罚一个点球。因此，你需要决定自己将如何踢这个点球(你的选择包括踢左、中，或右)。守门员也需要做出类似的决定，选择在哪个方位(同样是左、中，或右)接球。表 11.4 给出了每个参与者从各种策略组合中可以得到的效用[数字对应于一个球是否得分的(历史)条件概率]。

表 11.4　与不同的点球决策相关的效用

		守门员		
		左	中	右
球员	左	(0.65,0.35)	(0.95,0.05)	(0.95,0.05)
	中	(0.95,0.05)	(0,1)	(0.95,0.05)
	右	(0.95,0.05)	(0.95,0.05)	(0.65,0.35)

和石头-剪刀-布一样，这场比赛没有纯策略的纳什均衡。如果你曾经看过足球赛，这应该不足为奇，一个可以预测的射门者或守门员通常对他们的球队来说是非常糟糕的。

为了确定混合策略均衡，我们像以前一样处理，当守门员随机化其动作时，他首先计算射门者博弈的期望值，从而得到他将向左射门的概率 q_l，将向中心处射门的概率 q_c，以及向右射门的概率 q_r。结果如表 11.5 所示。

表 11.5　如果守门员假设球员以概率 q_l 来选择向左射门，以概率 q_c 来选中路射门，以概率 q_r 来选择向右射门，那么与其所采取的不同行动相关联的效用

如果球员选择的射门方向为	对于守门员来说，博弈的期望值是
左	$0.65\times q_l+0.95\times q_c+0.95\times q_r$
中	$0.95\times q_l+0\times q_c+0.95\times q_r$
右	$0.95\times q_l+0.95\times q_c+0.65\times q_r$

由于预期的效用必须相同，将前两个表达式用等号连接，则会导出

$$0.65\times q_l+0.95\times q_c+0.95\times q_r=0.95\times q_l+0\times q_c+0.95\times q_r$$

$$\Leftrightarrow 0.95\times q_c=0.30\times q_l$$

$$\Leftrightarrow q_c=\frac{0.30}{0.95}\times q_l$$

类似地，将第二个表达式和第三个表达式用等号连接，则会导出

$$0.95 \times q_l + 0 \times q_c + 0.95 \times q_r = 0.95 \times q_l + 0.95 \times q_c + 0.65 \times q_r$$
$$\Leftrightarrow 0.95 \times q_c = 0.30 q_r$$
$$\Leftrightarrow q_c = \frac{0.30}{0.95} q_r$$

注意到这两个方程的一个结果是 $q_r = q_l$。这在直觉上也解释得通，如果我们看一下收益表，就会发现左右的选项是可以互换的。现在使用 $q_r + q_c + q_l = 1$ 这个事实，于是得到

$$\frac{0.95}{0.30} \times q_c + q_c + \frac{0.95}{0.30} \times q_c = 1$$
$$\Leftrightarrow \frac{0.95 + 0.30 + 0.95}{0.30} q_c = 1$$
$$\Leftrightarrow q_c = \frac{0.30}{2.2} \approx 0.1363$$

由此可得

$$q_l = q_r = \frac{0.95}{0.30} \times \frac{0.30}{2.20} = \frac{0.95}{2.20} \approx 0.4318$$

因此，守门员的均衡策略是在大约 43% 的时间里向左接球，在大约 43% 的时间里向右接球，并且在大约 14% 的时间内保持在中路接球。如果我们现在看看射门者的最优策略，我们发现二者是相同的（他应该在 43% 的时间里向右射门，在 43% 的时间里向左射门，在 14% 的时间里选择由中路进攻）。如果两名运动员都坚持这种策略，那么射门者的博弈期望值就可以用下面的方式来获得。表 11.5 中列出了期望值的表达式，向这些表达式中的任何一个里插入上面找到的最优概率（回想一下，根据定义，它们必须是一样的）

$$0.4318 \times 0.95 + 0.4318 \times 0.95 \approx 0.82045$$

这个数字可以被解读成如果选手遵从最优策略，他射门得分的（边际）概率。

11.3 带有混合策略均衡之博弈中的讹诈

现在将注意力转向一个非常简化的“扑克”版本，其中你和你的对手阿利亚各自在桌子上下 5 美元的赌注，然后秘密地抛硬币，一面是 0，另一面是 1。你先开始，你可以决定过（P）或下注（B）额外的 3 美元。如果你选择过，你和阿利亚抛出的数字会被比较；拥有最大数字的人

会拿走总注额(10 美元)。如果两个数字相同,则每个玩家获得 5 美元(平局)。另一方面,如果你下注额外的 3 美元,阿利亚可能会决定看牌(S)或弃牌(F)。如果阿利亚选择弃牌,无论投掷的数字如何,你都将得到总注额(13 美元,其中 8 美元是你的,5 美元是阿利亚的)。如果阿利亚决定看牌,她必须加 3 美元到底池(总共 16 美元)。再次比较数字;拥有较大数字的人会拿走 16 美元,如果数字相等,每个人都会收回他们的钱。图 11.1 展示了一棵决策树,其中包含与该博弈相关的决策序列。

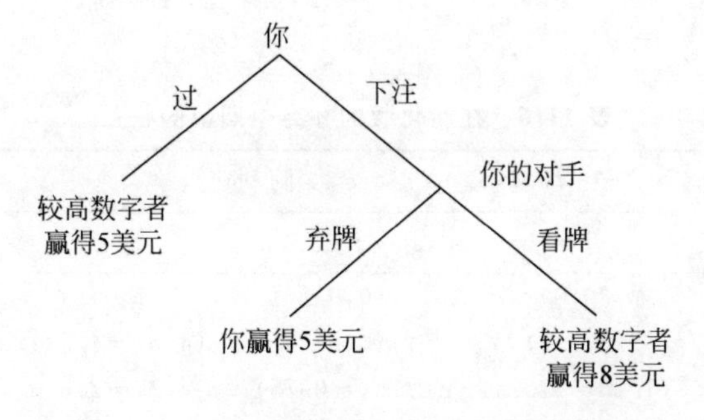

图 11.1　在一个简化版的扑克游戏中,各种决策的图形表示

为了分析这个博弈,同时考虑两轮投注并记下每名玩家可用的所有策略。这些策略中的每一个都将根据硬币所给出的结果来描述玩家采取怎样的行动。例如,无论你是否拥有一个 0 或一个 1,你都可以决定过(称这种策略为“过-过”,或 PP)。另外一种情况,你可以在有一个 0 时选择过,在有一个 1 时选择下注(称这种策略为“过-下注”,或 PB)。或者,你可以在有一个 0 时选择下注,在有一个 1 时选择过(称这种策略为“下注-过”,或 BP)。又或者,无论硬币投掷的结果如何,你都选择下注(称这种策略为“下注-下注”,或 BB)。直觉上,其中一些策略非常糟糕(例如,选择 BP 策略显然是一个坏主意);这将在下面的分析中被证实。类似地,阿利亚也有四种策略,它们是 FF(无论其硬币投掷结果如何她都选择弃牌),SS(无论其硬币投掷结果如何她都选择看牌),FS(如果她有一个 0 她就弃牌,如果她有一个 1 她就选择看牌),SF(如果她有一个 0 她就看牌,如果她有一个 1 她就选择弃牌)。

表 11.6 总结了每对策略的博弈结果。表中的数字对应于每个特定策略组合中每个玩家的预期收益。例如,你决定执行 PP 策略,你将一直选择过,无论阿利亚做何选择(就好像她从未参与玩牌一样),你的产出将仅依赖于掷硬币的结果。因此,表中第一行里所有的项目都等于 0:

$$
\begin{aligned}
&E\left(\substack{\text{无论阿利亚遵从何种策略}\\ \text{你都选择 PP 时你的收益}}\right)\\
&= \underbrace{5}_{\substack{\text{如果你得到一个1}\\ \text{阿利亚得到一个0}\\ \text{你的收益}}} \times \underbrace{\frac{1}{4}}_{\substack{\text{你得到一个1}\\ \text{阿利亚得到一个0}\\ \text{的概率}}} + \underbrace{(-5)}_{\substack{\text{如果你得到一个0}\\ \text{阿利亚得到一个1}\\ \text{你的收益}}} \times \\
&\quad \underbrace{\frac{1}{4}}_{\substack{\text{你得到一个0}\\ \text{阿利亚得到一个1}\\ \text{的概率}}} + \underbrace{0}_{\substack{\text{你和阿利亚都得到}\\ \text{一个1或都得到}\\ \text{一个0时你的收益}}} \times \underbrace{\frac{2}{4}}_{\substack{\text{你和阿利亚都得到}\\ \text{一个1或都得到}\\ \text{一个0的概率}}}\\
&= 0
\end{aligned}
$$

表 11.6 在简化版的扑克中期望的收益

		阿利亚			
		FF	SS	SF	FS
你	PP	(0,0)	(0,0)	(0,0)	(0,0)
	BB	(5,−5)	(0,0)	(4.5,−4.5)	(0.5,−0.5)
	PB	(1.25,−1.25)	(0.75,−0.75)	(2,−2)	(0,0)
	BP	(3.75,−3.75)	(−0.75,0.75)	(2.5,−2.5)	(0.5,−0.5)

类似地，当你选择策略 BB 而阿利亚选择策略 FF 时，你的期望值就是

$$
\begin{aligned}
E\left(\substack{\text{阿利亚选择 FF}\\ \text{你选择 BB 时你的收益}}\right) &= \underbrace{5}_{\substack{\text{如果你得到一个1}\\ \text{阿利亚得到一个0}\\ \text{你的收益}}} \times \underbrace{\frac{1}{4}}_{\substack{\text{你得到一个1}\\ \text{阿利亚得到一个0}\\ \text{的概率}}} + \underbrace{5}_{\substack{\text{如果你得到一个0}\\ \text{阿利亚得到一个1}\\ \text{你的收益}}} \times \\
&\quad \underbrace{\frac{1}{4}}_{\substack{\text{你得到一个0}\\ \text{阿利亚得到一个1}\\ \text{的概率}}} + \underbrace{5}_{\substack{\text{你和阿利亚都得到}\\ \text{一个1时你的收益}}} \times \underbrace{\frac{1}{4}}_{\substack{\text{你和阿利亚都得到}\\ \text{一个1的概率}}} + \\
&\quad \underbrace{5}_{\substack{\text{你和阿利亚都得到}\\ \text{一个0时你的收益}}} \times \underbrace{\frac{1}{4}}_{\substack{\text{你和阿利亚都得到}\\ \text{一个0的概率}}}\\
&= 5
\end{aligned}
$$

而当你选择策略 BB 而阿利亚选择策略 SS 时，你的期望值就是

$$
E\left(\substack{\text{阿利亚选择 SS}\\ \text{你选择 BB 时你的收益}}\right) = \underbrace{8}_{\substack{\text{如果你得到一个1}\\ \text{阿利亚得到一个0}\\ \text{你的收益}}} \times \underbrace{\frac{1}{4}}_{\substack{\text{你得到一个1}\\ \text{阿利亚得到一个0}\\ \text{的概率}}} + \underbrace{0}_{\substack{\text{如果你得到一个0}\\ \text{阿利亚得到一个1}\\ \text{你的收益}}} \times
$$

$$\underbrace{\frac{1}{4}}_{\substack{\text{你得到一个0}\\ \text{阿利亚得到一个1}\\ \text{的概率}}} + \underbrace{0}_{\substack{\text{你和阿利亚都得到}\\ \text{一个1时你的收益}}} \times \underbrace{\frac{1}{4}}_{\substack{\text{你和阿利亚都得到}\\ \text{一个1的概率}}} +$$

$$\underbrace{(-8)}_{\substack{\text{你和阿利亚都得到}\\ \text{一个0时你的收益}}} \times \underbrace{\frac{1}{4}}_{\substack{\text{你和阿利亚都得到}\\ \text{一个0的概率}}}$$

$$= 5$$

表 11.6 中剩余条目可以以类似的方式来计算。一旦这些计算完成，就可以继续寻找对于每个玩家的行为来说的最优响应（见表 11.7 和表 11.8）。从这些表中可以清楚地看出 PP 和 BP 是劣势策略。这在直觉上是很明确的：如果你是第一个采取行动的玩家，无论你的手牌看起来如何你都选择过，或者在第一轮总是选择下注，以及在第二轮总是选择弃牌都是非常糟糕的想法。同样，对于阿利亚来说，FF 和 SF 都是劣势策略。这也是说得通的：总是选择弃牌对阿利亚来说是一个坏主意，当她有一个 0 时下注以及当她有一个 1 时弃牌也是一样（如果她投硬币的结果是 1，她有一定的获胜机会，而如果她已经看到投硬币的结果是 0，那么她所能得到的最好结果也就是平局而已）。

表 11.7 在简化版的扑克游戏中，对你而言的最优响应

如果阿利亚选择	你应该选择
FF	BB
SS	PB
SF	BB
FS	BB 或 BP（你对此无感）

表 11.8 在简化版的扑克游戏中，对阿利亚而言的最优响应

如果你选择	阿利亚应该选择
PP	FF，SS，FS，SF（阿利亚对此无感，她未参与游戏）
BB	SS
PB	FS
BP	SF

如果消除那些劣势策略，我们最终会得到一个缩减的收益表（见表 11.9）。有了这个缩减的表格，很容易看出对于博弈而言，不存在纯策略均衡。要找到一个混合策略均衡，我们应用了之前使用过的相同想法（但是在简化表上执行，因为已经丢弃了劣势策略）。首先，令 q_{SS} 表示阿利亚选择 SS 策略的概率，q_{FS} 表示阿利亚选择 FS 策略的概率。如果阿利亚根据 q_{SS}

和 q_{FS} 在 SS 和 FS 中随机选择，则每个行为的预期收益如表 11.10 所示。

表 11.9　在简化的扑克游戏中，消去劣势策略后的期望收益

		阿利亚	
		SS	FS
你	BB	(0,0)	(0.5,−0.5)
	PB	(0.75,−0.75)	(0,0)

表 11.10　如果你假设阿利亚会以概率 q_{SS} 来选择 SS，以概率 q_{FS} 来选择 FS，与你采取的不同行动相关联的期望收益

如果你选择	对你来说，博弈的期望值是
BB	$0\times q_{SS}+0.50\times q_{FS}=0.50\times q_{FS}$
PB	$0.75\times q_{SS}+0\times q_{FS}=0.75\times q_{SS}$

因为来自这两个行为的期望效用在均衡中必须是相等的，于是可得

$$0.75\times q_{SS}=0.50\times q_{FS} \quad \Leftrightarrow \quad q_{SS}=\frac{0.50}{0.75}q_{FS}=\frac{2}{3}q_{FS}$$

最终，利用 $q_{SS}+q_{SF}=1$ 这个事实，可得

$$\frac{2}{3}q_{FS}+q_{FS}=1 \quad \Leftrightarrow \quad \frac{2+3}{3}q_{FS}=1 \quad \Leftrightarrow \quad q_{FS}=\frac{3}{5}=0.6$$

以及 $q_{SS}=\frac{2}{5}=0.4$。换句话说，如果阿利亚有一个 1，那么她就应该一直选择看牌，如果她有一个 0，那么她就应该在 60%的时间里选择弃牌。

为你的随机化概率做一个类似的计算，该计算结果表明你应该在 60%的时间内选择 BB 策略，而在另外 40%的时间里选择 PB 策略。也就是说，如果你有一个 1，那么你应该总是下注，如果你有一个 0，那么作为虚张声势或者讹诈，你应该在 60%的时间里下注。把这些数字代回期望值公式，则会得到你从这场比赛中获得的期望收益为

$$E(\text{你的收益})=0.75\times q_{PB}=\frac{3}{4}\times\frac{2}{5}=\frac{3}{10}=0.3$$

也就是说，如果按照最优混合策略进行比赛，你平均赢得至少 30 美分，如果阿利亚使用其最优策略，平均最多可以失去 30 美分。你们没有谁能做得比这更好。值得注意的是，在这场比赛中你的回报是正的，因为你可以先出牌。事实上，第一个玩家在讹诈时具有优势，这就是为什么扑克中庄家角色需要在所有玩家间轮转的原因。另外，请注意，如果玩家同时选择他们的策略，则两个玩家的期望值都为零(博弈与赌分币非常相似，请参阅习题 1)。

以下模拟程序可以帮助证实玩家没有动力单方面偏离纳什均衡。特别地，只要你坚持你的最优策略（如果得到一个 1 你就总是下注，如果你得到一个 0，则应该在 60%的时间里选择下注），对于改善自己的结果这件事，阿利亚将无计可施。

```
> n = 1000000
> coinspc = c(0, 1)
> raisspc = c(TRUE,FALSE)
> youstr = c(0.4, 0.6)
> oppstr = c(0.9, 0.1)
> profit = rep(0, n)
> for(i in 1:n){
+     yourpot = 5
+     opponentpot = 5
+     coin1 = sample(coinspc, 1)
+     coin2 = sample(coinspc, 1)
+     if(coin1 == 1){
+         bet = TRUE
+         yourpot = yourpot + 3
+     }else{
+         bet = sample(raisspc, 1, replace = TRUE, prob = youstr)
+         yourpot = yourpot + 3 * bet
+     }
+     if(bet){
+         if(coin2 == 0){
+             see = sample(raisspc, 1, replace = TRUE, prob = youstr)
+             if(see == TRUE){
+                 opponentpot = opponentpot + 3
+                 compare = TRUE
+             }else{
+                 compare = FALSE
+             }
+         }else{
+             opponentpot = opponentpot + 3
+             compare = TRUE
+         }
+     }else{
+         compare = TRUE
+     }
+     if(compare){
+         if(coin1 > coin2){
+             profit[i] = opponentpot
+         }else{
```

```
+              if(coin1 < coin2){
+                  profit[i] = - yourpot
+              }else{
+                  profit[i] = 0
+              }
+          }
+      }else{
+          profit[i] = opponentpot
+      }
+ }
> mean(profit)

[1] 0.309276
```

11.4 习题

1. 赌分币是在两个玩家 A 和 B 之间玩的一种游戏。每个玩家都有一分钱,他们必须秘密地将硬币翻为正面或反面。然后玩家同时展示他们的选择。如果硬币匹配(即两枚硬币同为正面或同为反面),则玩家 A 从玩家 B 处收走一美元(给 A 加 1,给 B 减 1)。如果两枚硬币不匹配(一个是正面,一个是反面),那么玩家 B 从玩家 A 处收走一美元(给 A 减 1,给 B 加 1)。这场比赛有没有任何纯策略均衡?如果是这样的话,预期收益是多少?这场比赛有任何混合策略均衡吗?如果有,预期收益是多少?

2. 除了已经讨论过的纯策略均衡之外,表 10.12 中还给出了接受混合策略均衡的博弈的收益情况。找到这些均衡策略以及博弈的收益。

3. 基于战斗和策略的电子游戏常常具有这样的特征,即角色或战斗单位的作用呈环形关系,类似于石头-剪刀-布的模式。这些通常都在试图模拟现实世界战斗中的环形关系(例如骑兵对付弓箭手有效,弓箭手相较于持长矛的士兵更有优势,而持长矛的士兵最能克制骑兵)。据称,这种策略使游戏自我平衡。请解释这个说法。

4. 回想 10.4 节中习题 6 里所描述的击剑游戏。彼时我们发现不存在纯策略均衡。请找出混合策略均衡以及他们的预期收益。

5. 网站 http://www.samkass.com/theories/RPSSL.html 上介绍了一种扩展版的石头-剪刀-布游戏(电视剧《生活大爆炸》使得它非常流行)。请建立该博弈的收益表并找到它的解。

6. 对于网站 http://www.umop.com/rps7.htm 上给出的 7 种手势

版的石头-剪刀-布游戏，情况又如何呢？

7. 假设我们正在玩简化版的“扑克”，其中盲注是 4 美元（而不是 5 美元）而加注是另外的 4 美元（而不是 3 美元）。我们应该如何随机化，此外，对于首先采取行动的玩家来说，他的期待值是什么？如果第一个玩家知道第二个玩家总会在 1 上下同样的注，但在 2 上只会下 20%的注，那么对他来说什么才是最优策略？

8. [R] 编写代码模拟上题中描述的简化版扑克游戏。如果第一个玩家的下注偏离了他们的最优策略，但第二个玩家并没有，请问：会导致什么结果？

9. 为什么玩家在玩扑克牌时交替进行投盲注很重要？

10. 改变石头-剪刀-布游戏，当剪刀与布相匹配时，剪刀获得 2，布会有－2 的损失，当石头与剪刀相匹配时，石头获得 3，剪刀会有－3 的损失。这场博弈的纳什均衡是什么？玩家的预期收益是什么？

11. [R] 编写代码来模拟 11.2 节开头讨论的罚点球游戏。

12. 演算构建表 11.6 所需的全部步骤，并检查你算得的结果与本书所给出的结果相符合。

第12章　囚徒困境与其他策略性非零和博弈

对零和博弈进行分析是相对简单的，因为那种试图最大化其中一个玩家之效用的博弈就相当于最小化对方的效用（回想一下，在零和博弈中，一个玩家所赢得的总是等于其对手所付出的）。我们现在将摆脱这些纯粹的对抗性博弈，并考虑玩家之利益至少在部分上保持一致的博弈（例如，他们可以获得一些好处，而不一定非要使他们对手的情况变糟）。我们将这些博弈称为非零和博弈，因为在所有策略组合下，两个玩家的收益之和并非必然相同。非零和博弈有时会导致出乎意料的结论。事实上，此前我们会想到纳什均衡，因为它给博弈提供最优解，而现在我们可能不得不放弃这种念头。

12.1　囚徒困境

为了引出非零和博弈，请考虑著名的囚徒困境，这种困境在电视上的任何律政性节目中出现得非常多。两名涉嫌犯罪的男子被逮捕并被安置在单独的审讯室。该游戏假定警方只能在一名或两名嫌犯承认的情况下实施更严重的起诉指控；否则，警察只能对他们处以较低的惩罚。每个嫌疑人可以选择坦白或者保持沉默，每个人都知道他们行为的后果。如果一个嫌疑人坦白，但另一位嫌疑人没有，那个供认不讳的人就会成为能治其同伙之罪的证人，并因此而获得释放，而另一个则会被判入狱20年。此外，若两名嫌疑人都坦白，那么他们两人都将入狱5年。最后，若两名嫌犯都保持沉默，他们将都会以较低的罪名入狱一年。假设每个罪犯只关心自己的利益，那么该博弈的收益情况如表12.1所示。注意，收益的总和并不是恒定的（如果两者都承认则为−10，如果两者都保持沉默则为−2），因此这不是一个零和博弈。

表 12.1　囚徒困境中的收益情况

		囚徒 2	
		坦白	保持沉默
囚徒 1	坦白	(−5,−5)	(0,−20)
	保持沉默	(−20,0)	(−1,−1)

粗略地检查表格之后,可以看出保持沉默应该是该博弈的最优解(至少从犯罪分子将在监狱中度过的总年数来看)。但是,这个解不是纳什均衡,博弈的参与者不太可能采用这种策略。为了了解原因,考虑一下囚犯 2 的最优响应,如表 12.2 所示。请注意,坦白是囚徒 2 的占优策略(并且,考虑博弈的对称性,对于囚犯 1 来说也是如此)。因此,纳什均衡对应于两个囚犯都坦白并各自获判 5 年的监禁。

表 12.2　在囚徒困境博弈中囚徒 2 的最优响应

如果囚徒 1	囚徒 2 应该
坦白	坦白
保持沉默	坦白

乍一看,这似乎有些矛盾。两名囚犯都选择招供这样的结果是均衡的,因为如果他们知道另一名囚犯会认罪,于是就没谁会有单方面的动机来改变各自的行为。然而,人们不禁会注意到对于两名囚犯来说这显然是一种愚蠢的策略,因为如果他们能够协调行动以使彼此都保持沉默,那样对两人都会更好。这种明显的矛盾(其中纳什均衡对于博弈来说不一定是"好的"解决方案)不会发生在零和博弈中,但在非零和博弈中十分常见。它们的出现是因为在非零和博弈中,像策略执行顺序和玩家之间的沟通能力这样的细节,使得具有约束力的协议或设置补偿支付会对结果产生重要影响。

12.2　沟通与协议的影响

现在考虑表 12.3 中的阿尼尔和安娜塔西亚之间的博弈。我们假设两名参与者之间没有沟通,没有协议,也没有财富转移;这些假设如无特别说明将贯穿本书始终。

表 12.3　正常形式的沟通博弈

		安娜塔西亚	
		策略 A	策略 B
阿尼尔	策略 1	(0,0)	(10,5)
	策略 2	(5,10)	(0,0)

与所有其他的博弈一样，考虑每个玩家的最优响应集合(如表 12.4 和表 12.5 所示)。注意到，如果阿尼尔决定使用策略 1，那么安娜塔西亚将选择策略 B(彼时她的收益是 5)而不是策略 A(彼时其收益为 0)，而如果阿尼尔决定使用策略 2，那么安娜塔西亚将选择策略 A(彼时她的收益是 10)而不是策略 B(彼时其收益为 0)。由此便可以得到最优响应。同样，如果安娜塔西亚决定使用策略 A，那么阿尼尔将选择策略 2(其收益是 5)而不是策略 1(其收益为 0)，而如果安娜塔西亚决定使用策略 B，那么阿尼尔将选择策略 1(其收益是 10)而不是策略 2(其收益为 0)。

表 12.4　在沟通博弈中对于安娜塔西亚而言的最优响应

如果安娜塔西亚	阿尼尔应该
执行策略 A	执行策略 2
执行策略 B	执行策略 1

表 12.5　在沟通博弈中对于阿尼尔而言的最优响应

如果阿尼尔	安娜塔西亚应该
执行策略 1	执行策略 B
执行策略 2	执行策略 A

从表 12.4 和表 12.5 中可以清楚地看出，(2，A)和(1，B)都是该博弈的纯策略均衡。实际上，A 是对 2 的最优响应，反之亦然，而 B 是对 1 的最优响应，反之亦然。不仅如此，该博弈还接受第三种混合策略均衡。为了找到这个额外的平衡点，令 p 为安娜塔西亚实施策略 A 的概率(这样她实施策略 B 的概率就是 $1-p$)。阿尼尔的预期收益如表 12.6 所示。

表 12.6　在沟通博弈中阿尼尔的期望效用

如果阿尼尔选择	对阿尼尔来说，博弈的期望值是
策略 1	$0\times p+10\times(1-p)=10-10p$
策略 2	$5\times p+0\times(1-p)=5p$

因此，要想实现“选择哪个决策对阿尼尔来说都无关紧要”这个目标，就需要

$$5p \iff 10-10p \iff 15p=10 \iff p=\frac{10}{15}=\frac{2}{3}$$

由此可得阿尼尔的期望收益为 $5p=\frac{10}{3}$。同样的论证对于安娜塔西亚来说也适用。注意这真的是该博弈的一个纳什均衡。如果阿尼尔以 2/3 的概率来实施策略 1，那么对于安娜塔西亚来说，在 2/3 的时间里选择策略 A 所得期望效用就已经是其所能做到的极致了，反之亦然。

注意，与纯策略均衡不同，混合策略均衡是公平的（就两名玩家的收益都同为$\frac{10}{3}$而言）。然而，对于每名玩家来说，期望收益$\frac{10}{3}\approx 3.333$仍然低于他们执行任何纯策略均衡时所获的收益（彼时至少是 5）。如果沟通和效用转移在玩家之间是被允许的，通过实施一个纯策略均衡，两名玩家的情况都会变得更好，只要让一名玩家获得最高回报并将其中的 2.5 个单位转移给对家，二者就都可以获得 7.5 单位的更高利益。

12.3　哪个均衡

在零和博弈的情况下，如果存在多个纳什均衡，则它们都具有相同的收益。因此，在那些情况下，玩家最终满足于何种特定的均衡在很大程度上是无关紧要的。然而，正如前一节中的例子所示，在非零和游戏中，不同均衡的收益可能完全不同。这使得解释纳什均衡并预测博弈结果更加困难。

为了说明这些现象，请考虑所谓的斗鸡博弈（或称为懦夫博弈）。这个名字起源于一个游戏，其中两名驾驶员彼此相向对冲：一个必须转弯，否则两个都可能在车祸中死亡，但如果一名驾驶员转向而另一个没有转弯，那个转向的人就是一个懦夫。20 世纪 50 年代，年轻人也玩过类似的游戏，詹姆斯 · 迪恩还受此启发拍摄了经典电影《无因的反叛》。

表 12.7 中显示了与此游戏相关的可能的支付矩阵示例。在发生碰撞的情况下每个参与者的回报为－100，这意味着一个巨大的损失（至少，当与“一个玩家转向而另一个沿直线前行时所产生的微小利润/损失”相比时，该损失颇为巨大）。懦夫博弈已被用来模拟一些现实生活中的情

况，包括冷战期间的“相互保证毁灭”[①]学说。

表 12.7　懦夫博弈

		汉斯	
		转向	直行
埃琳娜	转向 1	(0,0)	(−1,1)
	直行 2	(1,−1)	(−100,−100)

考虑每个玩家的最优响应。表 12.8 显示了对埃琳娜而言的最优响应，由于收益表的对称性，它同样也适用于汉斯。从这张表中可以清楚地看出，存在两个纯策略均衡，它们对应于其中一个玩家突然转向，而另一个则保持直线前行。在混合策略均衡的表示法中，这两个均衡分别对应于($q=1,p=0$)和($q=0,p=1$)，其中 p 和 q 分别表示埃琳娜和汉斯选择转向的概率。这两种均衡都暗示没有车祸的结果，但其中总有一名玩家是“懦夫”。

表 12.8　懦夫博弈中埃琳娜的最优响应

如果汉斯选择	埃琳娜应该
转向	直行
直行	转向(好死不如赖活着!)

除了这两个纯策略均衡之外，博弈还接受一个真实的混合策略均衡，这对应于玩家在 99%的时间里选择转向，而在另外 1%的时间里选择直行。为了看到这一点，令 p 为汉斯转向的概率。表 12.9 列出了埃琳娜在博弈中的预期收益。因为在均衡中转向的效用和直行的效用对于两个选项都是相同的，所以有

$$p-1=101p-100 \quad \Leftrightarrow \quad 99=100p \quad \Leftrightarrow \quad p=\frac{99}{100}$$

对于该混合策略均衡来说，就每个玩家而言，博弈的期望值是 $1-\frac{99}{100}=\frac{1}{100}$。

① 相互保证毁灭，也称共同毁灭原则，是一种“俱皆毁灭”性质的军事战略思想。是指对立的两方中如果有一方全面使用核武器则两方都会被毁灭，即双方处于“恐怖平衡”状态。它源自战略学中的吓阻理论：要避免有人使用强大武器就必须部署这样的武器。该策略实际上是一种纳什均衡，双方都要避免最糟且有可能会发生的灭绝结果。——译者注

表 12.9　懦夫博弈中埃琳娜的期望效用

如果埃琳娜选择	埃琳娜的期望效用是
策略 1	$0\times p+(-1)\times(1-p)=p-1$
策略 2	$1\times p+(-100)\times(1-p)=101p-100$

由这第三个混合性策略均衡所暗示出来的结果是非常麻烦的。的确,尽管两名玩家同时都选择直行的概率是非常低的(出于独立性的考虑,可以算得为 1/10 000),但如果博弈进行足够长的时间,根据大数定律,车祸最终仍然将会发生。

假设博弈多次进行且玩家可以相互学习,那么在实践中什么样的平衡会占上风?注意玩家埃琳娜的效用是

$$U_1=-q(1-p)+(1-q)p-100(1-q)(1-p)$$

汉斯的效用是

$$U_2=q(1-p)-(1-q)p-100(1-q)(1-p)$$

假设两名玩家都根据混合策略纳什均衡来开始博弈。特别地,如果埃琳娜坚持最优策略 $q=0.99$,两名玩家的效用就可以用一个关于 p 的函数来表示,p 是埃琳娜会选择转向的概率。可以使用以下 R 代码来绘制关于两名玩家效用的图形:

```
> q = 99/100
> p = seq(0, 1, length = 101)
> U1 = - q * (1 - p) + (1 - q) * p - 100 * (1 - q) * (1 - p)
> U2 = q * (1 - p) - (1 - q) * p - 100 * (1 - q) * (1 - p)
> plot(p, U1, xlab = "p", ylab = "Utilities", type = "l")
> lines(p, U2, lty = 2)
> abline(v = 99/100, lty = 3)
```

不出所料,表示两名玩家效用的直线在 $p=0.99$ 处相交,这是均衡策略。此外,图 12.1 还表明,无论汉斯做了什么,他的效用都保持为 -0.01,并且对于他来说没有任何动机不执行 $p=0.99$ 这一纳什均衡。然而,由于汉斯的效用是恒定不变的,所以他也无疑没有动力去实施它。的确,虽然汉斯不能增加自己的收益,但他可以减少(或者甚至增加)埃琳娜的收益。考虑两种极端的情况,如果 $p=1$,那么汉斯可以考其自己来使得埃琳娜的收益最大化(使其为 0.01),如果 $p=0$,那么对于埃琳娜而言其收益将被最小化(使其为 -1.99)。

我们隐含地假设埃琳娜的结果对汉斯来说并不重要:汉斯没有理由比其他人更偏好这些结果中的某一个。然而,在现实生活中,玩家可能确

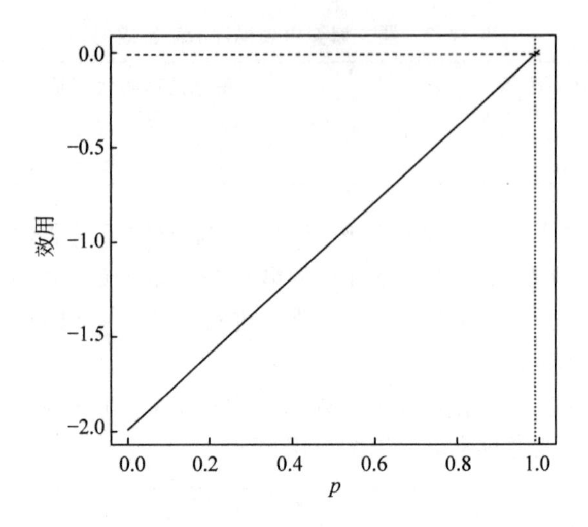

图 12.1 在懦夫博弈中,假设埃琳娜转向的概率 $q=0.99$,那么埃琳娜的期望效用(实线)和汉斯的期望效用(虚线)就可以表示成汉斯选择转向的概率 p 的函数

实会倾向于让其他玩家变得更好(或者更糟)。为便于论述,假设汉斯决定不采用混合策略均衡,而是更具进攻性一点,略微降低他转向的概率,从而使得埃琳娜收益减少。以下代码可用于绘制当 $p=0.9$ 时,以 q 的函数来表示的每名玩家的效用情况:

```
> q = seq(0, 1, length = 101)
> p = 0.9
> U1 = - q * (1 - p) + (1 - q) * p - 100 * (1 - q) * (1 - p)
> U2 = q * (1 - p) - (1 - q) * p - 100 * (1 - q) * (1 - p)
> plot(q, U1, xlab = "q", ylab = "Utilities", type = "l",
+     ylim = c( - 10.9,0.01))
> lines(q, U2, lty = 2)
```

图 12.2 表明,通过采取略微更具进攻性的策略,汉斯完全改变了对埃琳娜的激励。如果埃琳娜意识到汉斯策略的变化,那么她也肯定会将她的策略改为 $q=1$,这是最大化其效用的选择。那么接下来会发生什么?当 $q=1$ 时,下面的代码再次将两个玩家的效用绘制为 p 的函数:

```
> q = 1
> p = seq(0, 1, length = 101)
> U1 = - q * (1 - p) + (1 - q) * p - 100 * (1 - q) * (1 - p)
> U2 = q * (1 - p) - (1 - q) * p - 100 * (1 - q) * (1 - p)
```

```
> plot(p, U1, xlab = "p", ylab = "Utilities", type = "l",
+       ylim = c( - 1,1))
> lines(p, U2, lty = 2)
```

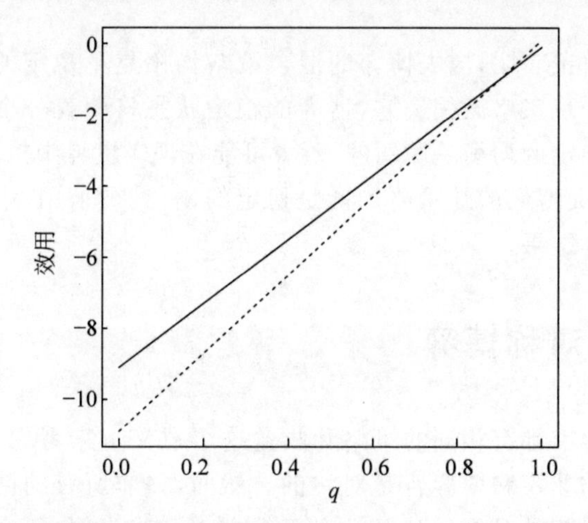

图 12.2　在懦夫博弈中，假设汉斯转向的概率 $p=0.9$，那么埃琳娜的期望效用(实线)和汉斯的期望效用(虚线)就可以表示成埃琳娜选择转向的概率 q 的函数

图 12.3 表明，一旦埃琳娜在所有的时刻都选择转向，汉斯将一直选择沿直线前行，这与我们在开始时确定的纯策略纳什均衡中的一个相吻合。但与混合策略均衡不同，不仅玩家没有动力偏离，而且他们也有强烈

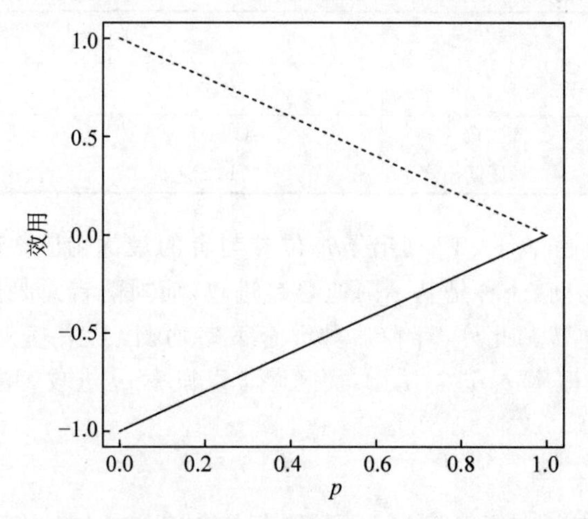

图 12.3　在懦夫博弈中，假设埃琳娜总是选择转向，那么埃琳娜的期望效用(实线)和汉斯的期望效用(虚线)就可以表示成汉斯选择转向的概率 p 的函数

的动机去坚持他们的策略。如果玩家开始实施混合策略均衡，并且其中一个玩家决定略微增加转向概率，同样可得一个类似的论证。在这种情况下，第一个增加概率的玩家会看到自己被困在一个必须一直转向的均衡状态中！

前面的讨论表明，懦夫博弈的混合策略均衡是不稳定的，也就是说，一旦其中一个玩家略微偏离它，博弈的稳定状态将朝着一个不同的均衡点发展。不稳定的均衡是脆弱的，不太可能在现实世界中持续很长时间。另一方面，懦夫博弈的纯策略均衡是稳定的，一旦被采用，小的偏离不太可能改变博弈结果。

12.4 非对称博弈

从两名玩家都有相同的策略和收益这个意义上来考虑，到目前为止我们所研究的非零和博弈皆是对称的。然而，并非所有的博弈从两名玩家的所得来说都是对称的。以一个双人击剑游戏为例，每个玩家只有一个攻击动作和一个防守动作，但他们对每个玩家都有不同的收益(想象其中一人是一名更具防守性的玩家——基·阿迪·芒迪[①]，另外一人则是一名更善于进攻的玩家——阿萨吉·文崔斯[②])。表12.10给出了与此博弈相关的收益情况。

表12.10 星球大战中的虚构击剑博弈

		阿萨吉	
		攻击	防守
基·阿迪	攻击	(0,0)	(1,3)
	防守	(1,2)	(0,0)

表12.11和表12.12列出了每位参与者的最优响应。同样，存在有两种纯策略均衡，一种是基·阿迪总是进攻，而阿萨吉总是防守，另一种是二者角色逆转。此外，存在一种混合策略均衡，其中基·阿迪以概率 p_a 进攻，并以概率 p_d 进行防御，而阿萨吉以概率 q_a 进攻，并以概率 q_d 进行防御。

① 基·阿迪·芒迪(Ki-Adi Mundi)，科幻电影《星球大战》中的人物，为绝地委员会中的异族代表。他接受的是绝地守护者式的训练，在12位绝地大师中以英勇而著称。——译者注

② 阿萨吉·文崔斯(Asajj Ventress)，科幻电影《星球大战》中的人物，为原力使用者及赏金猎人，同时也与绝地武士不共戴天。——译者注

表 12.11　在击剑博弈中基·阿迪的最优响应

如果阿萨吉	基·阿迪应该
攻击	防守
防守	攻击

表 12.12　在击剑博弈中阿萨吉的最优响应

如果基·阿迪	阿萨吉应该
攻击	防守
防守	攻击

现在继续寻找 p_a、p_d、q_a 和 q_d。表 12.13 给出了在每种可能的行为之下，基·阿迪的博弈期望值。正如此前所主张的，要使得基·阿迪愿意选择随机化，那么从两个选项中所得到效用在均衡时必须相等。这意味着 $q_a=q_d$，又因为 $q_d+q_a=1$，有

$$q_a+q_a=1 \quad \Leftrightarrow \quad q_a=\frac{1}{2}$$

因此，阿萨吉的最优策略是在 50% 的时间里进行防御，而在 50% 的时间里进行攻击。

表 12.13　在非对称击剑博弈中基·阿迪的期望效用

如果基·阿迪	基·阿迪的期望效用是
攻击	$0\times q_a+1\times q_d=q_d$
防守	$1\times q_a+0\times q_d=q_a$

其中，q_a 和 q_d 分别是阿萨吉决定攻击还是防御的概率。

可以对基·阿迪进行类似的模拟，表 12.14 给出了在每种选择之下，他的期望收益。使两个期望效用相等，可得 $3p_d=2p_a$，或者 $p_d=\frac{2}{3}p_a$。现在，运用 $p_a+p_d=1$ 这个事实，于是有

$$p_a+\frac{2}{3}p_a=1 \quad \Leftrightarrow \quad 3p_a+2p_a=3 \quad \Leftrightarrow \quad 5p_a=3 \quad \Leftrightarrow \quad p_a=\frac{3}{5}$$

表 12.14　在非对称击剑博弈中阿萨吉的期望效用

如果阿萨吉	阿萨吉的期望效用是
攻击	$0\times p_a+3\times p_d=3p_d$
防守	$2\times p_a+0\times p_d=2p_a$

其中，p_a 和 p_d 分别是基·阿迪决定攻击还是防御的概率。

因此,基·阿迪的最优策略是在40%的时间里进行防御,而在60%的时间里进行攻击。

12.5 习题

1. 考虑下面双玩家的非零和博弈:

		玩家2		
		1	2	3
玩家1	A	(2,1)	(1,1)	(1,2)
	B	(1,4)	(3,2)	(1,2)
	C	(1,2)	(1,2)	(2,1)

(1) 对于任何一名玩家是否存在占优策略?

(2) 对于任何一名玩家是否存在劣势策略?

(3) 请给出所有的纯策略纳什均衡。如果没有,是否存在一个混合策略均衡?

2. 考虑下面双玩家的非零和博弈:

		罗丝		
		a	b	c
乔	X	(4,−1)	(2,3)	(0,0)
	Y	(−1,2)	(−2,0)	(3,1)
	Z	(0,1)	(2,1)	(−2,2)

(1) 对于任何一名玩家是否存在占优策略?

(2) 对于任何一名玩家是否存在劣势策略?

(3) 请给出所有的纯策略纳什均衡。如果没有,是否存在一个混合策略均衡?

3. 考虑下面双玩家的非零和博弈:

		罗姆尼		
		左	中	右
奥巴马	左	(18,18)	(15,20)	(9,18)
	中	(20,15)	(16,16)	(8,12)
	右	(18,9)	(12,8)	(0,0)

(1) 对于任何一名玩家是否存在占优策略?

(2) 对于任何一名玩家是否存在劣势策略?

(3) 请给出所有的纯策略纳什均衡。如果没有,是否存在一个混合策略均衡?

4. 分三颗巧克力豆。要求两个孩子写下 1～3 的一个整数。数字较大的孩子获得的巧克力豆数量等于自己写的数字减去对手写的数字(如果他们分别选择了数字 2 和 1,则选择了较大数量的孩子得到一个豆)。选择较少数量的孩子将得到剩余的豆(在上面的例子中,第二个孩子将得到两颗巧克力豆)。如果他们选择相同数量的巧克力豆,他们将平分三个豆(即每人 1.5 个豆)。将博弈置于正常形式,该博弈的解是什么?

5. 在上一个练习所描述的博弈中,写下较大数字的孩子所得巧克力豆数量等于自己写的数字减去对手写的数字,但现在假设第二个对手会得到他们所要求的数量(最多三个)。首先将该博弈置于正常形式,该博弈的解是什么? 解释一下你在这两个博弈之间看到了哪些差异。

6. 税务征收。考虑一个收税者(玛丽)和纳税人(约翰)之间的博弈。约翰的收入为 200 元,他可以如实地报告收入情况或撒谎。如果他如实报告,他会向玛丽支付 100 元并留下其余部分。如果约翰说谎并且玛丽没有审计,那么约翰留下了他所有的收入。如果约翰说谎并且玛丽进行审计,那么约翰就会将所有收入都付给玛丽。执行审计的成本是 20 元。假设双方同时行动(即玛丽必须在得知约翰报告的收入之前决定是否进行审计)。找到该博弈的混合策略纳什均衡和每个玩家的均衡收益。

7. 在一个简单的硬币游戏中,玩家首先随机选择是否在手中持有一枚硬币; 然后,他们每个人都需要尝试猜测所有人手中的硬币总和。如果谁能猜到正确的金额,他就赢了,当所有人都猜到正确答案时,则为平局; 在任何其他情况下,玩家都输。

(1) 计算与这个博弈相关的收益情况,并证明这是一个非零和博弈。

(2) 找到该博弈的所有纯策略均衡和混合策略均衡。

(3) 对上面这个游戏的规则进行哪些修改会把它变成零和博弈?

8. 公司的现金被存放在两个金库中,二者之间相隔一段距离。一个金库里有 9 万美元,另一个金库里有 1 万美元。一名窃贼计划闯入一个金库并让同伙帮助拉响另外一个金库的警报。保管员只有时间检查一个金库; 如果他检查的是错误的那个金库,公司会丢失另一个金库里的钱财。如果他检查的是正确的金库,那个窃贼就会空手而归。一个精明的窃贼更可能会偷哪个金库? 以什么样的概率做此选择? 保管员应该做什么,平均下来,会有多少钱财被盗?

9. 为什么警察会将犯罪的可疑同谋分开审讯?

10. 你能否给出一个历史上的例子,其中两个(或两组)国家可以被认为是在懦夫博弈中执行了一个纯策略均衡?再给出一个两国之间执行混合策略均衡的例子。

11. [R] 编写代码模拟懦夫博弈,并以此调查如果一个玩家使用与混合策略纳什均衡相关的随机策略而另一个玩家总是选择直行将会发生什么。你认为两个均衡中的哪一个在被重复执行之后更有可能成为稳定状态?

12. [R] 编写代码模拟12.4节中给出的非对称博弈,并对比各种均衡。

第13章　完备信息下的井字棋及其他序列博弈

在大多数情况下，到目前为止所考虑的博弈都是这样的，即两个玩家同时决定他们的策略。然而，国际象棋或西洋跳棋等游戏都涉及玩家轮流出子。这些序列博弈与我们之前章节中研究的同步游戏有着本质的不同，因为玩家可以在做出自己的决策时将对手们之前做出的动作纳入考虑。为简单起见，我们将专注于完备信息下的博弈，其中结果不是随机决定的。

13.1　蜈蚣博弈

在蜈蚣博弈中，两名玩家(称为卡丽莎和萨哈尔)交替地面对两堆钱。在各自的轮中，每个玩家都必须在两个决策之间进行选择：要么将两堆钱向下传递，在这种情况下，两堆钱都会稍微有所增长，此时轮到下一个参与者的回合；要么将更大的那堆钱据为己有，在这种情况下，另一名玩家将获得较小的那堆钱，此时游戏结束。不管怎样，游戏在预定数量的轮次之后也会结束。

在本节中，我们将重点介绍蜈蚣博弈的三轮版本，其中卡丽莎首先开始玩，她面对两堆硬币，一个包含3美元，另一个包含1美元。每次玩家决定传递时，每一堆中的钱都会翻倍。因此，如果卡丽莎在第一轮决定传递，那么筹码中的金额会分别增加到6美元和2美元，而萨哈尔必须选择要么拿走作为筹码的6美元，要么继续向卡丽莎进行传递(在这种情况下，每个筹码上的金额将再次翻倍至12美元和4美元)。在第三轮也是最后一轮，卡丽莎必须决定是否拿走更大的筹码或者在她和萨哈尔之间平分金钱。

蜈蚣博弈中所有可能的结果都可以通过使用一棵类似于决策树的树形结构来进行枚举，这种决策树在第5章、第6章和第11章中都曾经讨论过。在这棵树中,每个层级代表下一个玩家在前一轮游戏中所给定的条件下,可供使用的不同选项。如果在这些树中附上与每个叶子节点相关的收益,就将其称为博弈的扩展形式表达(见图 13.1)。在一个博弈的扩展形式表达中,每个决策点对应于树中的一个节点,而每个可能的决策都与一个分支相关联。树的每个分支末端所给出的收益显示了每个玩家从特定的选择组合中能够获得的效用,而这个选择组合也会引导出一条从根节点到叶子节点的路径。收益表示中的第一个数字代表首先出招的玩家所对应的效用。

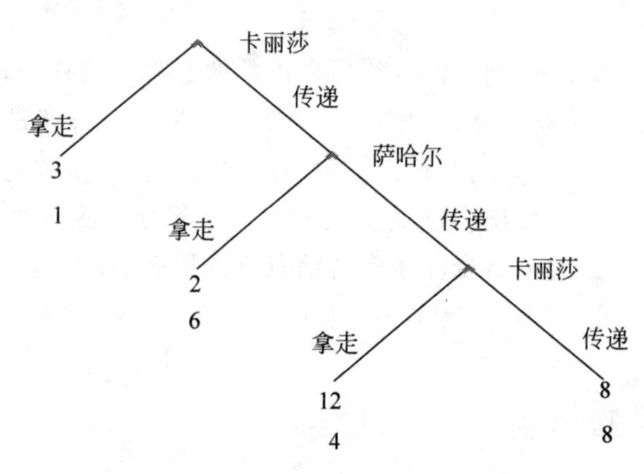

图 13.1　蜈蚣博弈的扩展形式表达

使用序列博弈的扩展形式表达简化了它的解决方案。在序列博弈中,一个解可以通过为每个玩家在博弈中的每个阶段(包括那些根据理性预期,我们认为并不会发生的博弈阶段)确定最优行动的方式来找到。在刚刚描述的蜈蚣博弈中,也就意味着确定卡丽莎在博弈的第一轮和第三轮中应该做什么以及萨哈尔在第二轮中应该做什么(尽管,正如我们马上就要看到的那样,我们会理性地预期比赛在第一轮后就宣告结束)。

卡丽莎和萨哈尔应该如何做才是以最优的方式在玩蜈蚣博弈呢?萨哈尔的策略相对容易弄清楚:如果她上场,她应该拿走较大的一堆钱。事实上,如果萨哈尔决定继续传递,我们可以预期卡丽莎会拿走较大的一堆钱,并给萨哈尔留下 4 美元(这比在自己的轮中就拿走较大的一堆钱并由此得到 6 美元的结果要差)。然而,卡丽莎的策略却不太明显:她应该在第一轮拿走筹码较多的一堆钱(她会得到 3 美元),还是应该等到自己的下一轮(在这种情况下她会得到 12 美元)?实际上,卡丽莎不应该太贪心,而是应该在她的第一轮比赛中就拿走筹码较多的一堆钱(这将令她获得 3 美元的收益，而给萨哈尔留下 1 美元)。实际上，我们之前对萨哈尔的战略讨论表明，如果卡莉莎在第一轮中选择继续传递，她将永远不会玩到博弈的第三轮！于是可知，既然萨哈尔可以被期待会在她的轮中选择拿走较大的一堆钱(只留下 2 美元给卡丽莎)，那么卡丽莎最好在第一轮中就拿走较大的一堆钱，而不给萨哈尔留下继续玩的机会。

之前的论点表明通过递归地确定如何出招才是最后一个玩家所面临的最优决策，然后沿着决策树向上移动，便可以据此求解序列博弈。这种求解序列博弈的过程称为反向归纳，它可以用来解决任何有限的、完全信息的双人序列博弈。

反向归纳算法

1. 对于每个最终的决策节点而言，求解玩家的最优行为(即看看对于最后出招的玩家来说什么才是最优选择)。
2. 对于每个最终的决策节点，用与那个玩家的最优决策相关联的收益来替换涉及的分支。
3. 对于此缩减的博弈重复步骤 1 和 2，直至到达初始决策节点为止。

为了说明反向归纳算法的工作原理，我们通过递归地对图 13.1 中给出的树进行剪枝来将该算法应用于蜈蚣博弈。注意卡丽莎是最后一位出招的选手，而她所面临的选择是拿走较大的一堆钱(她将得到 12 美元)，还是选择传递(她将得到 8 美元)。很简单就能作出决定：她选择拿走较大的一堆钱。一旦我们弄明白这一点，便可以用在第三轮中与卡丽莎的最优决策相关的收益来替换树中右下角的两个分支，这引出了图 13.2 中给出的一棵缩减版的树。

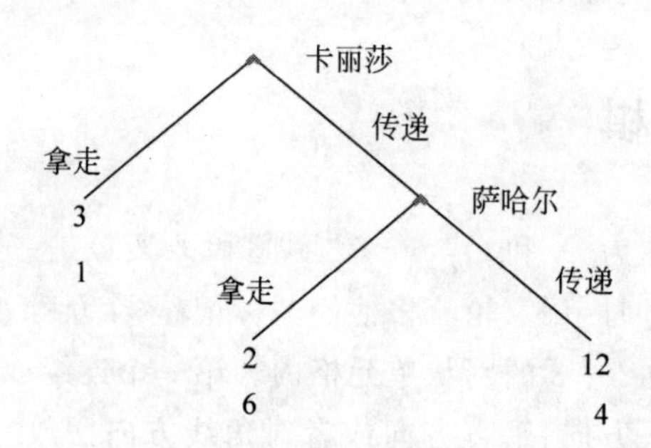

图 13.2　求解第三轮中卡丽莎的最优决策之后，蜈蚣博弈的缩减扩展形式表达

现在整个过程可以迭代下去。为了求出第二轮博弈中萨哈尔的最优行动,注意到,正如我们之前讨论的那样,她需要在两个选项之间做出决定,是拿走较多的一堆钱(获取 6 美元利润),还是选择继续传递(图 13.2 清楚地显示这会给她带来 4 美元的利润)。用萨哈尔的最优选择(拿走较多的一堆钱)来替代这两个分支,我们便获得了另外一棵缩减版的树(见图 13.3)。在这一点上,很容易看出,卡丽莎应该总是选择在第一轮博弈中就拿走较多的一堆钱(这会给她带来 3 美元的收益),而非选择继续传递(如果萨哈尔采取最优行动,这将导致卡丽莎只能获得 2 美元的利润)。

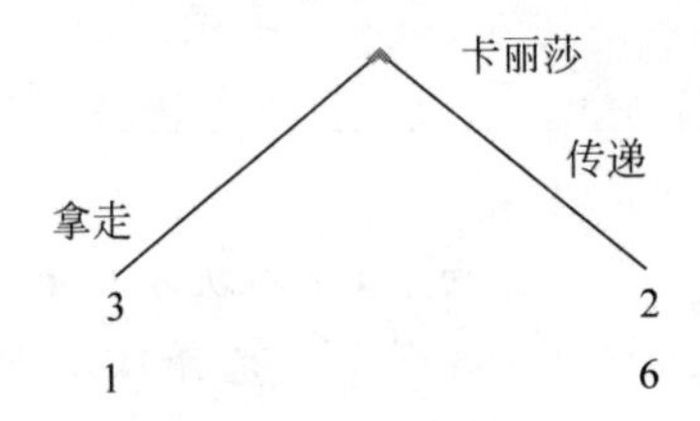

图 13.3 求解第二轮中萨哈尔的最优决策和第三轮中卡丽莎的最优决策之后,蜈蚣博弈的缩减扩展形式表达

总之,蜈蚣博弈的解如下:

- 卡丽莎的最优选择是在博弈的第一轮就拿走较多的一堆钱。
- 如果卡丽莎在第一轮选择次优方案并继续传递钱堆儿,那么萨哈尔应该会在第二轮博弈中为自己拿走较多的一堆钱。
- 最后,如果两名玩家都进入了第一轮和第二轮,那么卡丽莎应该在第三轮拿走较多的一堆钱。

如果两位球员都执行最优决策,那么卡丽莎将通过玩这个游戏获得 3 美元,而萨哈尔将获得 1 美元。

13.2 井字棋

井字棋(也称为“X 和 O”,或者“圈圈和叉叉”)是一种双人参与的纸笔游戏,游戏进行时,玩家轮流将他们的标记(一个玩家使用 X,另一个玩家使用 O)放置在 3×3 的网状单元格内。第一个连续放置三个标记的玩家(可以沿着水平方向、垂直方向或者对角线方向摆放)即为该游戏的赢家。如果没有玩家能够将连续的三个标记摆放成一条直线,游戏就以平局收场。图 13.4 显示了一场井字棋游戏中所涉及的一系列走棋步骤,该游戏中由 X 代表的玩家首先下子,最终由 O 代表的玩家赢得了比赛。

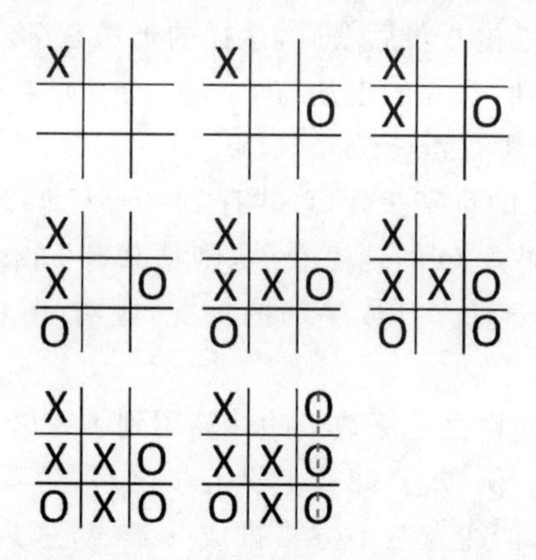

图 13.4　一个井字棋博弈，其中 X 所代表的玩家首先下子，O 所代表的玩家在博弈中取胜。应该按照从左到右，然后从上到下的顺序读取棋盘所展示的走棋步骤

图 13.5 显示了井字棋对应扩展形式表达中的一小部分。与蜈蚣博弈不同，井字棋的扩展形式用得并不多。原则上，第一个玩家走第一步时有 9 个可能的选项，第二个玩家可以在第二轮里将他们的标记放在 8 个位置中的任何一个(因为他们不能将他们的标记放在第一个玩家已经占用的那个方格上)，以此类推，直到其中的一名玩家获胜。这表明井字棋不同的走法数量为 9！=362 880。然而，这个数字太大了：游戏可以在不到 9 次移动中完成，一旦玩家获胜，其余的移动就无关紧要了。类似地，两名玩家都获胜，或者单独一个玩家以两种不同的方式获胜，所涉及的走法也都没什么值得关切的。

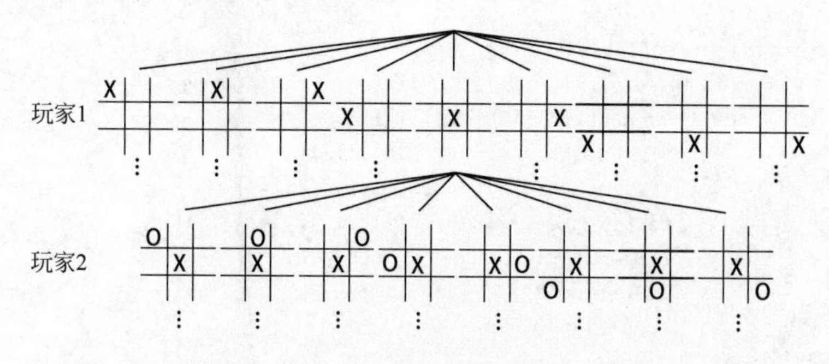

图 13.5　井字棋扩展形式表达的一小部分

最后，井字棋可能的最终走法总数为 255 168：画 X 的玩家在走棋五步后获胜，这样的走法有 1440 个；画 O 的玩家在走棋六步后获胜，这样的走法有 5328 个；画 X 的玩家在走棋七步后获胜，这样的走法有 47 952

个；画O的玩家在走棋八步后获胜，这样的走法有72 576个；画X的玩家在走棋九步后获胜，这样的走法有81 792个；如果在走棋九步后双方打成平局，这样的走法有46 080个。

因此，对于画X的玩家获胜，总共有1440+47 952+81 792=131 184种可能的走法；如果画O的玩家获胜，则总共有5328+72 576=77 904种可能的走法；对于双方打成平局的情况，则有46 080种可能的棋盘走法。

前面提到的不同棋盘走法数量的计算用到了在第4章中研究的一些组合和排列的概念。例如，要计算走棋五步之后，游戏变化结束，满足这样条件的走法数量，请注意三个方格排成一条线，总共有八种情况(三个垂直方向、三个水平方向和两个对角线方向)，第一个玩家以怎样的顺序放置她的标记很重要。这给你8×3!=48种可以放置三个X的方式。另一方面，两个O可以被放置在任何其他空出的六个方块中，并且它们的放置顺序也很重要。因此，在第五轮后会结束的游戏走法总数为$48\times{}_6P_2=48\times30=1440$。类似地，对于在九轮后会以平局告终的游戏走法数，请注意总共有16种可能的模式，其中五个X和四个O没有哪三个同类型的标记能够构成一条直线。因为X和O被放置在棋盘上的顺序是很重要的，我们正在看16×5!×4!=46 080种不同的博弈。对于其他情况所进行的计算也是类似的，但更加复杂。作为另外一种选择，还可以显式地枚举所有可能的情况。下面的代码执行了枚举，这样便可以求出符合要求的所有之走法的数量，这里的要求边就是在六步内获胜：

```
> count = 0
> for(i1 in seq(1,9)){
+   for(i2 in seq(1,9)[ - i1]){
+     for(i3 in seq(1,9)[ - c(i1,i2)]){
+       for(i4 in seq(1,9)[ - c(i1,i2,i3)]){
+         for(i5 in seq(1,9)[ - c(i1,i2,i3,i4)]){
+           for(i6 in seq(1,9)[ - c(i1,i2,i3,i4,i5)]){
+             B = matrix(0, nrow = 3, ncol = 3)
+             B[i1] = "X"
+             B[i2] = "O"
+             B[i3] = "X"
+             B[i4] = "O"
+             B[i5] = "X"
+             B[i6] = "O"
+             Z = (B == "X")
+             Y = (B == "O")
```

```
+                if(Z[1,1] + Z[1,2] + Z[1,3]<3 & #X 不会在 5 步内获胜
+                  Z[2,1] + Z[2,2] + Z[2,3]<3 &
+                  Z[3,1] + Z[3,2] + Z[3,3]<3 &
+                  Z[1,1] + Z[2,1] + Z[3,1]<3 &
+                  Z[1,2] + Z[2,2] + Z[3,2]<3 &
+                  Z[1,3] + Z[2,3] + Z[3,3]<3 &
+                  Z[1,1] + Z[2,2] + Z[3,3]<3 &
+                  Z[3,1] + Z[2,2] + Z[1,3]<3){
+                  if(Y[1,1] + Y[1,2] + Y[1,3] == 3 |
+                     Y[2,1] + Y[2,2] + Y[2,3] == 3 |
+                     Y[3,1] + Y[3,2] + Y[3,3] == 3 |
+                     Y[1,1] + Y[2,1] + Y[3,1] == 3 |
+                     Y[1,2] + Y[2,2] + Y[3,2] == 3 |
+                     Y[1,3] + Y[2,3] + Y[3,3] == 3 |
+                     Y[1,1] + Y[2,2] + Y[3,3] == 3 |
+                     Y[3,1] + Y[2,2] + Y[1,3] == 3){
+                       count = count + 1
+                       # print(B)                 # 如果你想看到所有的走法
+                                                 # 请将这部分的注释符去掉
+                  }
+                }
+              }
+            }
+          }
+        }
+    }
+ }
> count

[1] 5328
```

乍一看,前面提到的数字表明,第一个在井字游戏中下子的玩家具有优势,并且大约有 131 184/255 168×100%≈51.4%的机会取胜。但是,如果你曾经玩过井字棋,你就会知道两个玩家都有策略能够让他们至少打成平手,或者也可能取胜,这取决于他们的对手擅长于这个游戏的程度。与蜈蚣博弈一样,原则上可以使用前一节中描述的反向归纳算法找出这些策略,但是由于整棵树的大小,会导致在这种情况下应用该算法更加困难。因此,我们忽略了推导的细节,取而代之地,我们注意到棋盘在旋转和镜像之下是对称的这个事实,通过这个事实,便可以在某种程度上简化最优策略的描述。的确,第一个玩家实际上的第一个动作只有三种类型可供选择:她们可以将标记放置在要么一个角落上,要么一个边缘

上，要么放置在中心上。如果第一个玩家在一个角落上开棋，那么第二个玩家必须在中心上下标记。此外，如果第一个玩家在中心处开棋，那么第二个玩家必须在一个角落上下标记。再者，如果第一个玩家在一个边缘上开棋，那么第二个玩家必须在中心上下标记，或者在挨着对手开棋点的邻近角落里下标记，或者在正对着对手开棋点的边缘处下标记。第二个玩家需要始终采用上述策略进行回击。否则，她的任何其他回应都将会给第一个玩家获胜带来机会。在那之后，玩家必须首先尝试阻止任何可能导致他们的对手获胜或开启分叉的行动（在这种情况下，对手可能再走两步子就取得胜利，见图 13.6），并同时尝试为自己创建一个分叉或完成连续三个标记一条线的任务。

X		O
F	O	
X	F	X

X		F
F	X	
X	O	O

图 13.6　使用 X 标记的玩家为自己创造了一个分叉的走法例子，对手应该避免这种情况的出现。在左图中，玩家 1（使用 X）在第一步棋中占据了左上角，然后玩家 2 在右上角下标记，玩家 1 通过在右下角下标记来回应，这迫使玩家 2 在中心位置下标记（为了阻止对手胜利），玩家 1 在左下角下标记。此时，玩家 1 已经创建了一个分叉，因为他们可以通过在标有 F 的任一个单元格上放置标记来获胜。同样，在右图中，玩家 1 在左上角下标记，玩家 2 通过在底部边缘的方格中下标记来回应，然后玩家 1 占据了中心方格，迫使玩家 2 在右下角的位置下标记来阻止对手取胜。之后，如果玩家 1 将标记放在左下角，一个分叉就被成功创建了

13.3　尼姆游戏与先手优势、后手优势

在尼姆游戏（这个名字来源于德语中的“nehme”，意思是“取”）中，玩家轮流从一堆或多堆棋子（或者任何道具）中移除棋子，移除最后一个棋子的玩家将获胜。尼姆游戏在 15 世纪的某个时候出现在欧洲。然而，由于它与“捡石子”游戏或“采石”游戏相类似，所以被认为起源于中国。

考虑尼姆游戏的一个版本，其中包括四个物件和两个玩家安和马特。从安开始，玩家轮流从堆叠中移除一个或两个物件；失败的玩家向胜利者支付 1 美元。图 13.7 显示了此游戏的缩减版的形式表达。例如，请注

意,如果安决定在第一轮中仅移除一个物件,马特决定在第二轮中移除一件,然后安在第三轮中又移除一件,那么马特就自动获胜了(因为他在第四轮中可以从堆叠里移除最后一个物件)。与其他分支相关联的结果可以用类似的方式导出。

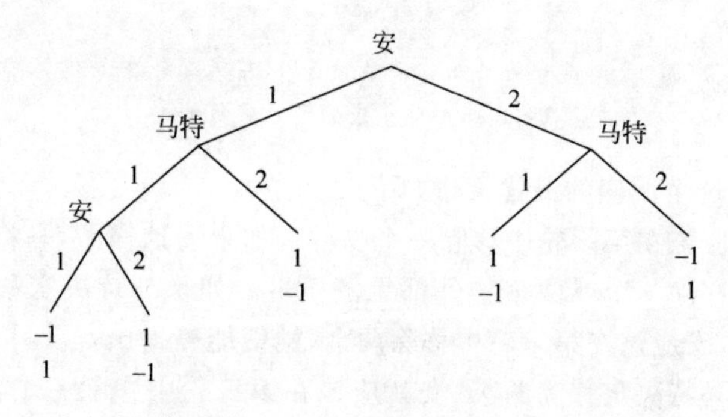

图 13.7　初始物件共有 4 个的尼姆游戏的扩展形式表达

13.1 节中描述过的反向归纳算法可用来为每个玩家推导出最优策略并预测游戏的结果。我们在左下角的分支开始对树进行修剪。在这一点上,安应该选择移除两个物件(这会为她赢得 1 美元),这比删除一个物件更好(这将导致她失去 1 美元)。图 13.8 显示了相应修剪过后的树。

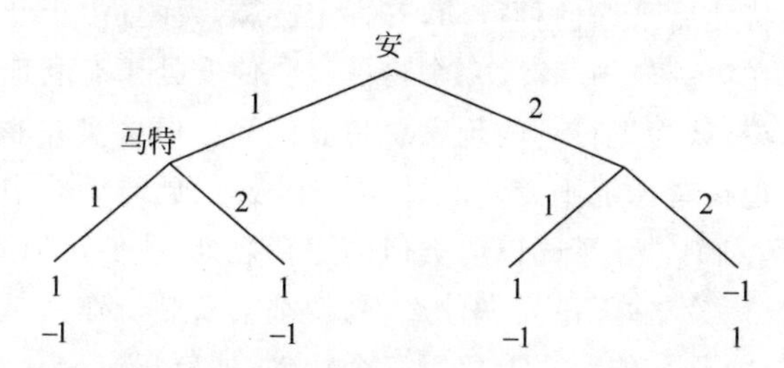

图 13.8　尼姆游戏的初始物件数量为 4,在第三轮中最优策略已经被阐明,在此之后相应的经过修剪的树

现在可以在该游戏的第二轮中继续推导马特的策略。如果安在第一轮中移除了堆叠里的一个物件(树的左侧),马特就处在了一个同样糟糕的情况下:无论他做什么,在这两种情况下他都会输掉 1 美元。另一方面,如果安在第一轮中移除了两个物件,马特也应该选择移除两个物件(因为这会令他赢得比赛)。缩减版的树由图 13.9 给出。在这一点上,很明显安应该选择在第一轮中只移除一个物件,这将令她赢得比赛。

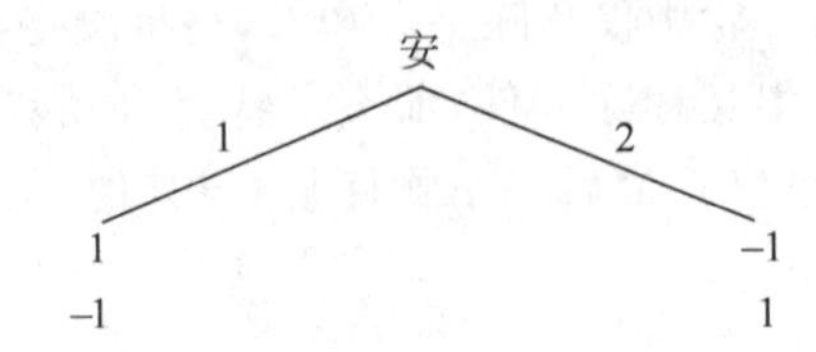

图 13.9　尼姆游戏的初始物件数量为 4，在第二轮中最优策略已经被阐明，在此之后相应的经过修剪的树

总之，这个博弈的最优策略如下：

- 安应该在第一轮中移除一个物件。如果安这样做，马特在第二轮中移除一个或两个物件都无济于事。如果马特决定移除一个物件，安应该在第三轮中移除两个，她便能赢得比赛。另一方面，如果马特决定移除两个，安就应该在第三轮中移除一个，她同样赢得比赛。
- 如果安在第一轮中移除两个物件，马特应该采用移除两个物件的方式来作为应对，这将令他赢得比赛。

请注意，在这个版本的尼姆游戏中，只要安以最优的策略来比赛，她就总是会赢。所以，我们说安拥有先手优势，因为她可以利用先出招这个条件使自己置于一个不败的位置。这是因为，只要安在桌子上留下三个物件，无论马特此后采取何种行动，安肯定会赢。而且由于开始时只有四个物件，所以在第一轮中，移除一个物件就会使安处于有利地位。

人们很容易认为先行动的玩家总是有优势。但事实并非如此。为了看到这一点，现在考虑尼姆游戏的另外一个版本，此时堆叠中最初的物件是六个而不是四个。除了同以前类似的逻辑之外，我们可以看到，如果马特能够采取最优策略，无论安做什么，马特都会获胜。作为一个简单的论证，请注意，只要马特能在桌上留下三个物件，他就肯定会获胜。现在，如果安在第一轮中移除一个物件，马特可以通过移除两个物件来回击，这会导致桌上的物件剩下三个。另一方面，如果安决定在第一轮中移除两个物件，马特可以通过移除一个物件来回击，桌上再一次地留下了三个物件。在这种情况下，我们说马特具有后手优势。

13.4　序列博弈可以很有趣吗

本章到目前为止已经考虑的三个例子中，都可能使用反向归纳算法找到最优的博弈策略，一旦获得这些策略，游戏的结果就是可预知的。就像在井字游戏中的情况一样，专业玩家总是会打成平局，而在蜈蚣博弈中，第一个玩家总能赢得最多的钱，而在初始状态有六个物件的尼姆游戏中，第二个玩家总是能获胜。这并非是这些游戏的独有特性，因为策梅洛定理确保完全信息下的序列博弈始终有解，且这些解不涉及偶然性。

> **策梅洛定理**
>
> 在任何完全信息下的序列且有限的双人博弈中，偶然性不影响决策过程，如果博弈不能以平局结束，无论其对手采取何种行动，那么两个玩家中的一个必然拥有胜利策略。

策梅洛定理表明完全信息下的序列博弈是很无聊的。的确，一旦你使用反向归纳法来击溃游戏（即找到最优策略），你需要做的只是坚持最优策略。如果你这样做，你要么总是赢，要么就总是平局，或者你只有在对手出错的情况下才可以取胜！这似乎就是你长大以后再也没有玩过井字棋的原因了。

但是，请注意，反向归纳法需要我们构建博弈的扩展形式表达，然后向后对树进行“修剪”，直到到达根节点为止。因此，只有当每个阶段每个玩家可用的选项数量足够小以至于可以确实地记下所有这些选项时（就像蜈蚣博弈或尼姆游戏中的情况），反向归纳才是实用的。即使在诸如井字棋这样具有相对较少结果的游戏中，也可能需要计算机来有效地构建博弈的扩展形式表达。当各种走法（或打法）可能的组合的数量非常大时（例如在国际象棋中），应用反向归纳就变得不切实际，且游戏结果无法被确切地预测，这也就会令游戏更有趣。

13.5　外交博弈

作为最后一个例子，考虑处在博弈论环境下，对两个国家之间关系所进行的模拟。例如，我们假设有两个相互敌对的国家：赞盖诺国与阿巴兹国，她们因为领海上的一座岛屿归属问题而争论不休。最开始的时候，赞盖诺有三个不同的行动可供采用：邀请阿巴兹协商出一个方案，忽略该议题，或者向敌对国发出最后通牒。另一方面，阿巴兹也有她们自己的一套策略，而具体选择如何应对取决于赞盖诺在第一轮中如何行动。如果赞盖诺发出一个谈判邀请，阿巴兹可以选择接受邀请，或者占领岛屿。

作为替代方案，如果赞盖诺决定忽略整个争议，阿巴兹将利用这个形势并立即入侵争议岛屿。最后，如果赞盖诺发出最后通牒，阿巴兹可以选择立刻入侵争议岛屿，或放弃该岛屿并将其留给赞盖诺。该博弈的扩展形式表达如图 13.10 所示。

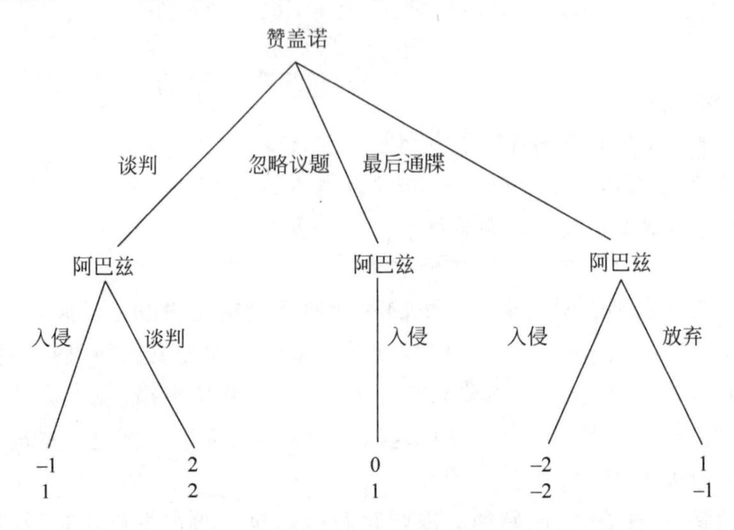

图 13.10　以扩展形式表示的外交博弈

为了对该博弈进行求解，从图 13.10 中树的底部开始考察。注意到，如果赞盖诺提议进行谈判，那么这个举动就会导致阿巴兹要获得最高回报的选择就是接受谈判。实际上，请记住，数字对中的第二个数字代表阿巴兹的收益。因此，阿巴兹将在大小为 1 的收益(如果它决定入侵)和大小 2 的收益(如果他们接受谈判要约)之间进行比较。这个观察结果允许我们修剪树左下方的两个分支，并用“谈判”选项和相应的一对收益(2,2)来代替阿巴兹的分支(见图 13.11)。

接下来，继续讨论下一种可能性(赞盖诺忽略这个议题)，看到阿巴兹别无选择(因为只有一个备选方案)，所以我们修剪最后一个分支并用“阿巴兹入侵”以及相应的一对增益(0,1)来代替阿巴兹的分支。最后，在最后通牒下，阿巴兹将更倾向于放弃(收益为－1)，而不是入侵(收益为－2)，因此，最后两个分支也被修剪，唯一留下的是“放弃”这个选项以及相应的一对增益(1,－1)。得到的修剪树结果如图 13.12 所示。

为了完成这个解，需要将图 13.12 所示的与赞盖诺的行动相关联的各个收益进行比较。由于赞盖诺将选择最大化其收益的选项(记住赞盖诺的收益对应于每个分支上的第一个数字)，很明显赞盖诺应该选择谈

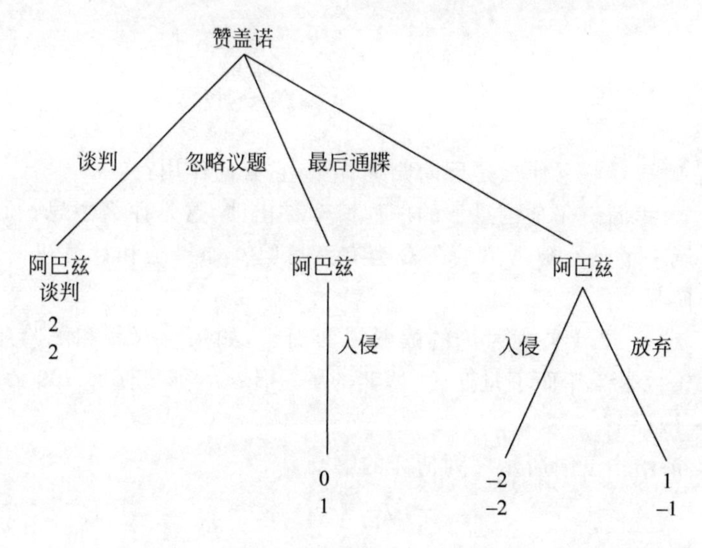

图 13.11　在外交博弈中对第一个分支进行修剪

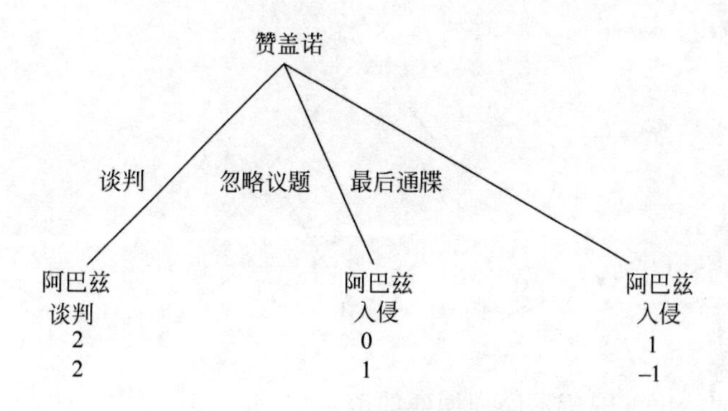

图 13.12　与外交博弈相关联的被修剪后的树

判。的确，谈判会给她带来大小为 2 个单位的收益，这要比因忽略议题而得到的大小为 1 个单元的收益（该收益在阿巴兹入侵时实现）更大，这也比通过下最后通牒而得到大于 0 的收益（因为在那种情况下阿巴兹会选择放弃）更大。总之，

- 赞盖诺应该提议与阿巴兹进行谈判。
- 如果赞盖诺提议进行谈判协商，阿巴兹应该跟从并进行谈判，这将为两个国家各自带来大小为 2 个单位的收益。然而，如果赞盖诺（次优地）决定发出最后通牒，阿巴兹应该选择放弃。另外，如果赞盖诺（同样也是次优地）决定忽略该议题，阿巴兹应该选择入侵。

13.6 习题

1. 请解释一下什么是反向归纳算法，它有何作用？

2. 当我们说完全信息下的序列博弈被击溃，这是什么意思？与另外一个人玩一场已经被击溃的游戏会有意思吗？如果是和计算机对弈，情况又如何呢？

3. 对于13.1节中讨论的蜈蚣博弈而言，如果卡丽莎和萨哈尔之间博弈的轮数是4轮而不是3轮，博弈的解是什么？如果博弈100万轮，其解又是什么？

4. 请给出下图所示序列博弈的解。

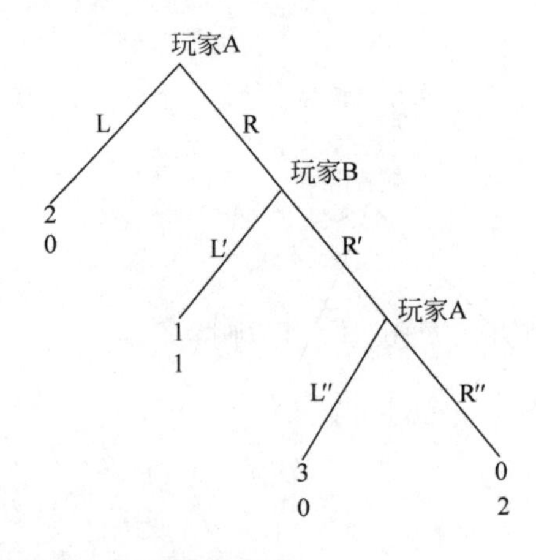

5. 请给出下图所示序列博弈的解。

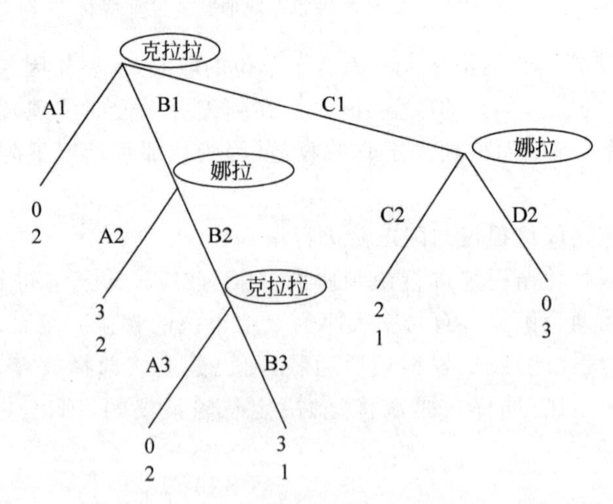

6. 请给出下图所示序列博弈的解。

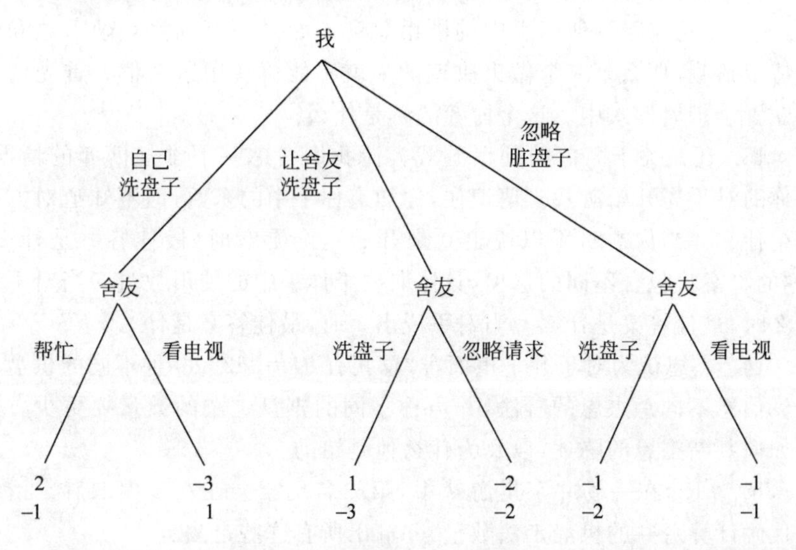

7. 在 13.3 节中讨论过尼姆游戏，对于初始时有 6 个物件的尼姆游戏，请构建其扩展形式表达，并为博弈的双方找出最优策略。

8. 这是一个与尼姆游戏的类似的活动。想象 5 根小木棍排成一行。这是一个双人游戏，两个玩家轮流做出选择。在每一轮中，玩家能够从堆叠中移除 1 根、2 根，或 3 根火柴棍。要是哪个玩家选到了最后一根火柴棍，那么她就输了。你能把这个游戏进一步扩展吗？并给出解。

9. 如果最初考虑的小木棍有 7 根，什么会发生变化？讨论此时的游戏是否有解，如果有，那解是什么？（如果愿意，把这个游戏进一步扩展。）

10. 谈判。两个通过克雷格列表(Craigslist)网站认识的人正在针对一台笔记本电脑的价格进行谈判。卖家要价 500 美元(假设这是该电脑的实际价值)。买家有两个选择，要么接受卖家的要价，要么进行讨价还价。如果买家决定讨价还价，她有两个选择，要么是拉到低价位(250 美元)，要么是要一个 10%的折扣。对于这两种选择中的每一个，卖家可以拒绝、接受，或者采取折中办法(对于低价位的要求给出 375 美元的价格，对于打折的要求给出 475 美元的价格)。对于买家来说，这是最后的机会来决定是接受还是拒绝这个还价。如果没有达成协议，买卖双方都将损失 50 美元，因为她们花费了时间和精力来进行这次会面。请把这个博弈置于扩展形式中，并说说它是否有解。如果有解，请描述它。

11. 还是关于前面的例子，你是否能想到一个对于博弈规则的简单改变从而使得买家更乐于进行讨价还价？

12. 请联系前面描述过的简单双人硬币游戏。让我们改变游戏规则,让玩家轮流猜测他们手中的硬币总和。如果一个玩家对硬币总和做出特定猜测,那么第二个做出决定的人就不能再使用这个值。首先请将游戏置于扩展形式中。这个博弈的解是什么?

13. 还是关于简单的硬币游戏。让我们考虑一下常规博弈的情况,即你的对手先开始游戏。请记住,你知道你手中的东西,但不知道对方手中是什么。当你的对手以说出0来开始这个游戏时,最佳答案是什么?(你的答案将包含不同的选项,具体取决于你手中的硬币数量。)当对手说出2时,最佳答案是什么?当对手说出1时,最佳答案是什么?

14. 杰恩认为对于井字棋而言,总共有9!=362 880种不同的棋盘走法。伯恩不同意杰恩的看法,并声称不同的棋盘走法的数量要更少。你将如何判断杰恩的陈述,以及为什么他是错的?

15. [R] 在一场井字棋游戏中,第二名玩家会在八步内取胜。请编写代码计算总共的棋局走法数量,并输出所有这些走法。

16. [R] 在一场尼姆游戏中,初始堆叠中的物件有k个,请编写一个程序来执行最优决策。使用自己的代码来玩尼姆游戏。

附录　R语言概述

R是一个免费的交互式计算环境。从最基本的角度来说，你可以把R看作是一个奇妙的计算器，而且你确实也可以限制住自己，仅按计算器的方式来使用R。然而，R提供了更加丰富的功能，从生成图形的能力到灵活的编程语言。作为一种编程语言，R为流程控制提供了最为标准的机制。事实上，R是一种非常灵活的语言，通常有许多不同的方法来完成任何给定的任务。

尽管存在许多面向R的图形用户界面，我们将使用标准发布版，该版本具有基于命令的界面。这意味着你需要通过在命令窗口中输入指令来与软件进行交互。出于本书的考虑，我们相信这样一个精简的界面实际上会令读者更容易上手。R语言是非常直观的，所以希望即使对没有编程经验的读者来说，R在本书中的运用也不会被看成是不可逾越的障碍。

本附录介绍R语言，内容涉及一些必备的背景知识，这将帮助读者理解本书各章节中所讨论的示例，并最终具备扩展这些示例的能力。除非你之前曾涉足过R，否则强烈建议确认自己熟悉本附录的内容。如果你有兴趣了解有关R环境的更多信息，可以从网上找到面向所有层级学生的多种书籍！

A.1　安装R

可以从CRAN网站(https://cran.r-project.org)上获取适用于Windows、Mac OS或者Linux的R发布版本。只需单击与各个操作系统相对应的链接，并按说明操作即可。一旦安装了R，可以通过单击其图标来执行R。在Microsoft Windows或Mac OS X计算机上，应该会看到如图A.1所示的交互式命令控制台。

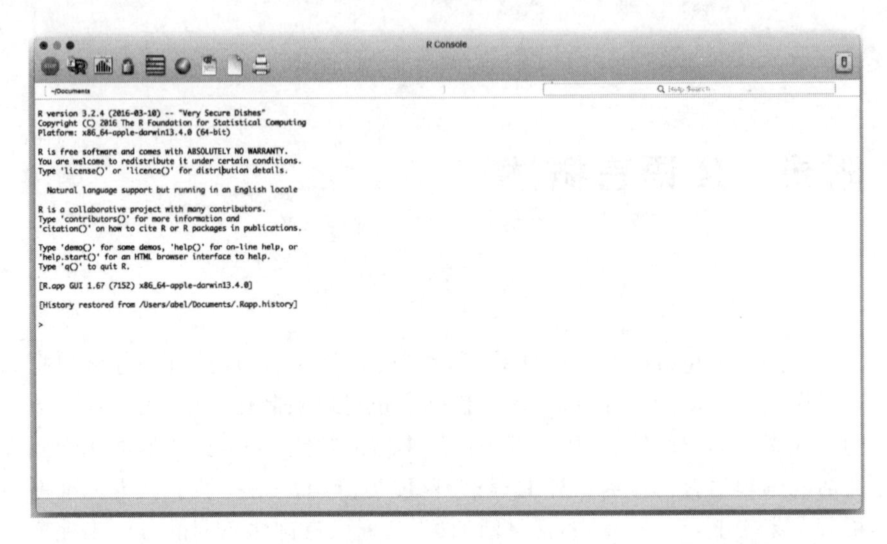

图 A.1 在一台 Mac OS X 电脑中的 R 交互式命令行窗口。符号“>”是一个提示符,用户可以在其后输入命令;这些命令会在用户按下回车键后被立即执行

A.2 简单的算术

命令行窗口中的最后一行是以符号“>”作为开头的提示行。这表明 R 正在等待指令。例如,在这里,我们可以问 5 与 7 的和是多少,为此请输入提示 5+7,并按回车键。如果你按照这个流程操作,下面给出的就是 R 控制台应该显示的内容:

```
> 5 + 7
[1] 12
```

请注意 R 在下一行中提供了预期的答案(数字 12)。(现在,请忽略位于行首的符号[1],我们将在后面解释其含义。)同样,可以执行许多其他算术运算:

```
> 3 * 8                    # 乘法运算
[1] 24
> 5 ^ 3                    # 指数运算
[1] 125
> log10(15)                # 对数运算
```

```
[1] 1.176091
> sqrt(2)                    #开方运算
[1] 1.414214
> sqrt(
+ 2)
[1] 1.414214
```

符号#后面显示的文字是注释部分。我们在这段代码中增加了一些注释来解释不同的命令的作用。但是，不需要自己键入或考虑它们：#和下一个回车之间的任何文本被 R 忽略。此外，如最后一条命令所示，不完整的表达式(这可能会发生，例如，当你由于不小心而过早地按下回车键)会在下一行继续。延续的行会以加号提示符＋开始，而非通常的>符号。

R 中有所有的标准函数(包括三角函数和指数函数)。除了常规的算术运算外，还可以执行“整数”操作：

```
> 13/3                      #常规除法
[1] 4.333333
> 13 %/% 3                  #整数除法
[1] 4
> 13 %% 3                   #求余除法
[1] 1
```

可以使用 help()函数获得有关这些函数和运算符(以及其他任何的 R 函数)的帮助信息。函数 help()会提醒系统用相关信息创建一个单独的窗口。例如，当输入 help("%/%")，就会弹出一个包含如何执行算术运算的详细帮助的窗口。

运算的标准优先级在 R 中同样适用，最先执行求幂运算，其次是乘法/除法，最后执行加法/减法。也可以使用括号来更改操作的执行顺序。

```
> 4 + 2 * 3                 #先做乘法，再做加法
[1] 10
> (4 + 2) * 3               #先做加法，再做乘法
[1] 18
```

R 可以将∞看作一个数字，用符号 Inf 表示。同样，未定义的操作(例如 0 除以 0)返回 NaN(“不是数字”)符号：

```
> 3/0
[1] Inf
> 5/Inf
[1] 0
> 0/0
[1] NaN
```

A.3 变量

可以将值存储在已命名的变量中，以后便可以像普通数字一样在表达式中使用它们。例如，

```
> x = 3
> y = 5
> z = x^2 + 2 * y - x/3
```

变量名称不能只包含数字，还应该避免使用现有函数或操作符的名称作为变量名。

要检查一个对象的当前值，只需在提示符处键入其名称即可。

```
> z                # 注意 3^2 + 2 * 5 - 3/3 = 9 + 10 - 1 = 18
[1] 18
```

一旦创建了一个对象，它将一直保留在内存中，直到将其删除(或关闭当前的 R 会话)，以便你可以多次重复使用它。可以使用命令 ls 来检查内存中的所有对象，并使用函数 rm 从内存中删除对象。

```
> ls()
[1] "x" "y" "z"
> rm("y")
> ls()
k [1] "x" "z"
```

一些用来存储广泛使用的常量(如 π)的变量已经提前定义好了：

```
> pi
[1] 3.141593
> sin(pi/6)
[1] 0.5
```

A.4 向量

一个向量就是一个数值列表,这些数值共享一个通用的名称但又可以彼此独立地被访问。你可以将向量视为一个大盒子,并将其分为多个按顺序排列的隔间,每个隔间包含一个不同的值。你可以移动整个盒子,或者如果需要,也可以访问单个隔间(参见图 A.2)。你可以使用函数 c()来创建任意向量。

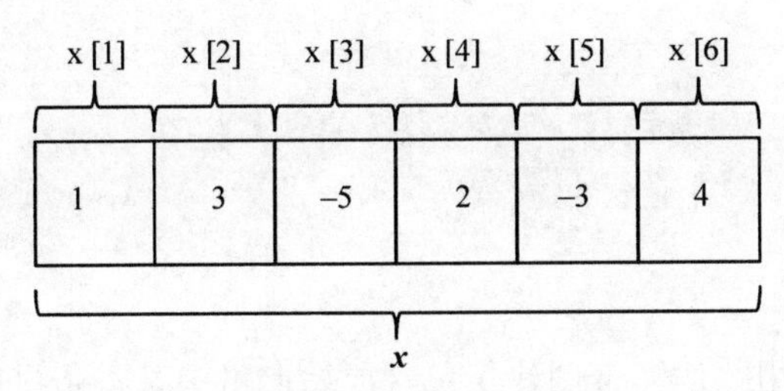

图 A.2 一个长度为 6 的向量 $\boldsymbol{x}$ 之图示,它由一系列的容器组成,其中每个都对应于一个不同的数字

```
> x = c(1,3, - 5,2, - 3,4)      # x 是一个向量,它包含有 6 个元素
> x
[1] 1 3 - 5 2 - 3 4
```

一般来说,使用 c()函数创建向量是很冗长的。当向量遵循某种正则模式时,可以使用 rep()和 seq()命令来简化创建过程。

```
> x = rep(3, times = 7)
> x
[1] 3 3 3 3 3 3 3
> y = seq(1, 10, by = 3)
> y
[1] 1 4 7 10
> u = 1:8              # 与 u = seq(1, 10, by = 1)等价的一种简单写法
> u
[1] 1 2 3 4 5 6 7 8
> w = rep(seq(1,5), times = 8)
> w
[1] 1 2 3 4 5 1 2 3 4 5 1 2 3 4 5 1 2 3 4 5 1 2 3 4 5 1 2 3 4
[30] 5 1 2 3 4 5 1 2 3 4 5
> z = rep(seq(1,5), each = 8)
```

```
> z
[1] 1 1 1 1 1 1 1 1 2 2 2 2 2 2 2 2 3 3 3 3 3 3 3 3 4 4 4 4 4
[30] 4 4 4 5 5 5 5 5 5 5 5
```

第一行和第二行中的字符串[1]和[30]的含义现在应该清楚了：它们告诉你每行中出现的第一个元素的索引是什么。这是为了让你更容易从屏幕上读取向量。

可以使用子集构造操作符[]访问向量中的各个元素，此外，还可以使用 length()函数获取向量的长度。

```
> x = c(1,3, - 5,2, - 3,4)
> x[3]              # 向量 x 中第 3 个元素的值是 - 5
[1] - 5
> length(x)
[1] 6
```

也可以使用[]运算符创建仅包含原始向量中某些条目的子向量。请注意，取负的索引会删除对应条目。

```
> y = x[c(2,5,6)]            # 创建一个包含 3 个元素的子向量
>                            # 这 3 个元素分别对应 x 中的
>                            # 第 2 个、第 5 个和第 6 个元素
[1] 3 - 3 4
> w = x[ - c(1,5)]           # 创建一个子向量，它包含 x 中
>                            # 除了第 1 个和第 5 个之外的全部元素
> w
[1] 3 - 5 2 4
```

在很多方面，向量可以像标量变量一样被操作。例如，可以对两个相同长度的向量做加法或乘法运算。如果这样做，则操作按元素进行，也就是说，结果是另一个具有相同长度的向量，其第一个元素是两个原始向量中第一个元素的和或乘积，依此类推：

```
> x = c( 1,3, - 2, 4)
> y = c( - 3,1, 5, - 6)
> z = x - y
> z
[1] 4 2 - 7 10
```

如果两个向量的长度不同，则 R 会循环利用较短向量的条目，直到大小匹配为止。这可能会引起警告，也可能不会引起警告，具体情况取决

于较长向量的长度是否为较短向量长度的倍数。这里建议,在拥有丰富的R经验之前,应避免运用这种循环机制。

```
> x = c( 1,3, - 2, 4)
> y = c( - 3,1, 5)
> z = c( - 3,1)
> w = x + y              # 当 y 被如下定义时,操作会执行
+                        # y = c( - 3,1,5, - 3) (第一个元素被循环使用了)
    Warning in x + y: longer object length is not a multiple of
    shorter object length
> x + z                  # z 的前两个元素被循环使用了,无警告
[1] - 2 4 - 5 5
```

R中的许多函数都是向量化的,也就是说,如果一个向量被作为参数传递,这个函数将会被单独应用于每个元素。这有助于令R代码更易于阅读。

```
> x = c(1,3,8,4)
> log10(x)
[1] 0.0000000 0.4771213 0.9030900 0.6020600
> 2 ^ x
[1]   2   8 256  16
```

向量化函数的另一个例子是cumsum(),该函数提供了向量元素的累加和。如果原向量中的元素表示重复下注的收益,那么这时使用cumsum()就特别有用,在这种情况下,累加和表示玩家已经产生的即时利润或损失。

```
> x = c(1,3,8, - 4)
> cumsum(x)   # 第一个元素是 1, 第二个元素是 1 + 3, 第三个元素是 1 + 3 + 8,
[1] 1 4 12 8
```

有些函数不是向量化的,而是被设计成同时对向量的所有元素进行操作。例如,函数sum(),mean(),max()和min()给出了向量中所有元素的总和、平均值、最大值和最小值:

```
> sum(x)                 # 返回 x 中所有元素的和
[1] 8
> mean(x)                # 返回 x 中所有元素的均值
[1] 2
> min(x)                 # 返回 x 中所有元素的最小值
```

```
[1] -4
> max(x)                #返回x中所有元素的最大值
[1] 8
```

A.5 矩阵

矩阵与向量类似,但并非是一个接一个地存储元素,它以矩形阵列的形式来对元素进行存储。因此,矩阵上的元素由两个数字索引:第一个对应它所在的行;第二个对应列。此外,一个矩阵的每一行或每一列其实都可以简单地看成是一个向量。

可以从一个长向量开始,然后使用它创建一个矩阵元素按行或列顺序填充的矩阵。

```
> A = matrix(c(1,2,3,4,5,6), nrow = 3, ncol = 2)
> A                                  #按列填充(默认情况)
     [,1] [,2]
[1,]    1    4
[2,]    2    5
[3,]    3    6
> A = matrix(c(1,2,3,4,5,6), nrow = 3, ncol = 2, byrow = T)
> A                                  #按行填充
     [,1] [,2]
[1,]    1    2
[2,]    3    4
[3,]    5    6
```

请注意,每行开始处的字符串[1,],[2,]和[3,]用于标识矩阵的行,而字符串[,1]和[,2]用于标识列。如前所述,可以使用[]运算符访问矩阵里的元素,其中两个索引用逗号分隔。如果想要访问矩阵的整行或整列,请将索引留空(其结果将被视为向量)。

```
> A = matrix(c(1,2,3,4,5,6), nrow = 3, ncol = 2)
> A
     [,1] [,2]
[1,]    1    4
[2,]    2    5
[3,]    3    6
> A[3,2]
```

```
[1] 6
> A[3,]
[1] 3 6
> A[,2]
[1] 4 5 6
```

有时,计算矩阵元素的行和或列和是很有用的。函数 rowSums()和 colSums()具有这一功能。

```
> rowSums(A)              #逐行求和
[1] 5 7 9
> colSums(A)              #逐列求和
[1] 6 15
```

通过 apply()函数,可以在数组的每一行或每一列上使用更多的通用函数。

```
> apply(A,2,sum)          #另一种逐列求和
[1] 6 15
> apply(A,1,min)
[1] 1 2 3
> apply(A,2,cumsum)       #逐列累积和
     [,1] [,2]
[1,]    1    4
[2,]    3    9
[3,]    6   15
```

A.6 逻辑对象与运算

至此,只讨论了存储实数的变量。但是,R 还支持其他类型的变量。例如逻辑变量,它只取两个值(TRUE 和 FALSE),这也是布尔代数的核心。

逻辑值通常是其他类型的对象之间比较的结果:

```
> 4 <= 2               #4 是否小于等于 2?
[1] FALSE
> 5/2 == 9/3 - 0.5     #5/2 是否等于 9/3 - 0.5?
[1] TRUE
```

请注意,尽管=是用来给变量赋值的运算符,==却是用于比较是否

相等的运算符。

```
> 4 == 2                #OK: 4 是否等于 2?
[1] FALSE
> 4 = 2                 #NO: 将 2 这个值赋给 4,导致错误

Error in 4 = 2: invalid (do_set) left - hand side to assignment
```

可以通过 and 和 or 运算符将各种比较的结果加以组合,这些运算符在布尔代数中所扮演的角色类似于标准代数中乘法和加法所起的作用:

```
> 4 < 2 & 9 > 3         # "and"运算符;双方必须都为 TRUE
[1] FALSE
> 4 < 2|9 > 3           # "or"运算符;只要其中一方为 TRUE 即可
[1] TRUE
> !(4 < 2)              # "not"运算符;将结果反转
[1] TRUE
```

就像按照惯例在计算加法之前需要先进行乘法运算一样,and 操作需要在 or 操作之前被执行。和以前一样,可以使用括号来更改运算的执行顺序:

```
> 4 < 2 & 4 == 3|9 > 3          #先执行"and"运算,再进行"or"运算
[1] TRUE
> 4 < 2 & (4 == 3|9 > 3)        #先执行"or"运算,再执行"and"运算
[1] FALSE
```

比较操作也是向量化的:

```
> x = c( - 1,2,3,1,4,6, - 8,2)
> y = (x >= 2.5 & x < 6)
> y

[1] FALSE FALSE TRUE FALSE TRUE FALSE FALSE FALSE
```

通过将多个比较操作用 or 运算符组合到一起,可以检查变量是否在一个可能的取值列表中至少取到了某个值:

```
> x = c( - 1,2,3,1,4,6, - 8,2)
> y = (x == 1|x == 5|x == 7)       #其值为 1, 5 或 7
> y

[1] FALSE FALSE FALSE TRUE FALSE FALSE FALSE FALSE
```

如果选项的数量很大，这种方法可能不切实际，此时可以使用%in%函数。

```
> x = c( - 1,2,3,1,4,6, - 8,2)
> y = x %in% c(1,5,7)
> y

[1] FALSE FALSE FALSE TRUE FALSE FALSE FALSE FALSE
```

函数 any()和 all()用于检查是否至少有一个或所有的向量元素是满足条件的。

```
> any(y)                # 是否至少有一个值为 TRUE?
[1] TRUE
> all(y)                # 是否所有值都为 TRUE?
[1] FALSE
> all(!y)               # 是否所有值都为 FALSE?
[1] FALSE
```

当算术函数与逻辑向量一起使用时，TRUE 值被视为 1，FALSE 值被视为 0。

```
> sum(y)                # 在 y 中 TRUE 值的数量
[1] 3
> sum(y) == length(y)   # 等同于 all(y)
[1] FALSE
> sum(y)> 0             # 等同于 any(y)
[1] TRUE
```

逻辑向量提供了另一种方法来选择向量的条目。例如，如果对 x 的子向量中所包含元素皆大于 2.5 这样的子向量感兴趣，可使用以下语句：

```
> x = c( - 1,2,3,1,4,6, - 8,2)
> x[x >= 2.5]
[1] 3 4 6
```

A.7 字符对象

R 中的字符用引号括起来（可以使用单引号或双引号，但首选双引号），这样使得字符很容易辨认。可以创建字符向量并在它们之间进行比较操作,就像使用数字向量一样。

```
> x = c("Heads", "Tails")
> x
[1] "Heads" "Tails"
> z = c("CA", "NE", "OR", "OR", "CA", "UT", "CA", "OR", "NE")
> z == "CA"
[1] TRUE FALSE FALSE FALSE TRUE FALSE TRUE FALSE FALSE
> z >"NE"            #基于字母表顺序的比较
[1] FALSE FALSE TRUE TRUE FALSE TRUE FALSE TRUE FALSE
```

对于字符向量而言,算术运算是无法执行的(哪怕字符变量中只包含数字):

```
> x = c("1", " - 2", "3", "4")
> y = c(" - 4", "7", "1", " - 2")
> x + y

Error in x + y: non - numeric argument to binary operator
```

但可以使用 as. numeric()函数将只包含数字的字符强制定义为常规代数运算所使用的数字对象。

```
> as.numeric(x) + as.numeric(y)
[1] - 3 5 4 2
```

A.8 绘图

可以使用R来轻松地绘图。例如,假设想在区间[−1,2]中绘制抛物线 $f(x)=x^2-2x+1$。为此,首先计算 $f(x)$在所关注区间内的精细网格上的值,然后可以使用 plot()函数生成一个新的窗口,该窗口包含一个笛卡儿坐标系和一系列表示网格中每个点的坐标,以及与 $f(x)$相对应的函数值(参见图 A.3)。

```
> x = seq( - 1,2,length = 200)        #一个 200 个值的序列
> y = x ^ 2 - 2 * x + 1               #在每个取值处计算函数值
> plot(x, y)                          #产生图形
```

图A.3使用点来表示函数。然而，在这种情况下，使用线来连接这些值会更方便。这可以使用type选项轻松实现。同样，可以使用xlab（用于x轴标签）和ylab（用于y轴标签）选项更改数轴的标签（参见图A.4）。

```
> plot(x, y, type = "l", xlab = "x axis", ylab = "y axis")
```

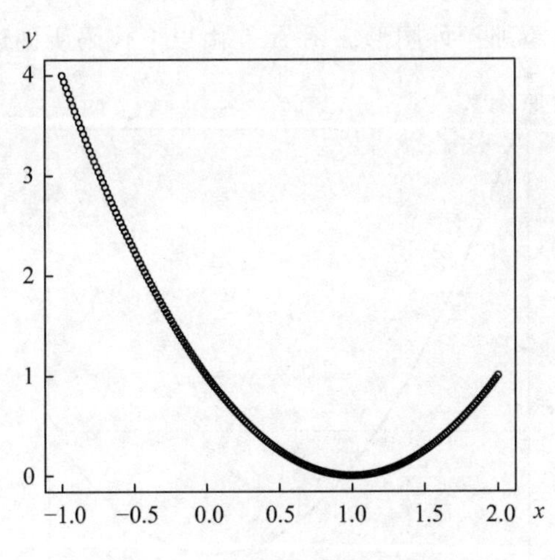

图A.3　R中散点图的一个例子

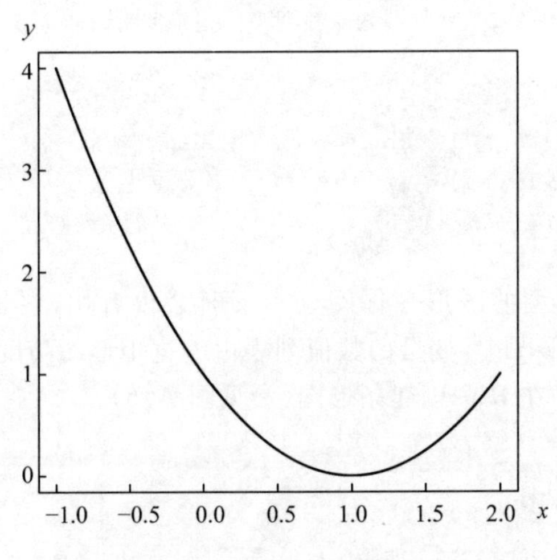

图A.4　R中绘制曲线的一个例子

绘图函数可以接受许多用于精调图形的附加参数。例如 col(允许更改线/点的颜色)和 lty(允许使点画线和虚线)。对所有选项的全面讨论超出了本附录的范围。

在绘制图形时,可以添加参考线,这些参考线有助于将注意力集中在与当前讨论最相关的图形特征上,或者将多个图形放置在一起时讨论它们之间需要被关注的特征。函数 abline()用于将直线参考线添加到之前使用 plot()函数创建的已有的图上。类似地,函数 lines 和 points 可以用来在现有的图上添加额外图形。图 A.5 由以下代码所创建。

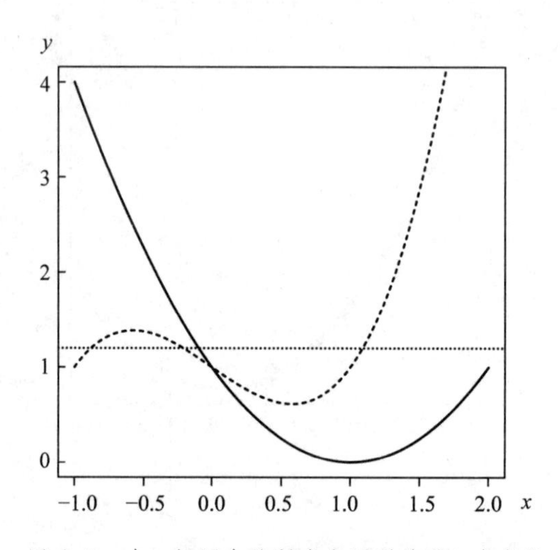

图 A.5　在一幅图中绘制多个图形并引入参考线

```
> w = x ^ 3 - x + 1
> plot(x, y, type = "l", xlab = "x axis", ylab = "y axis")
> lines(x, w, lty = 2)                #第二条为虚线
> abline(h = 1.2, lty = 3)            #位于1.2处的水平虚线
```

最后一种类型的图形在你阅读本书时会很有用,它是一个条形图。顾名思义,在条形图中,变量的数值列表由等宽矩形的高度来表示。函数 barplot()可用于在 R 中创建条形图(参见图 A.6):

```
> x = c(9,6,4,2,3,8)
> coln = c("A","C","B","F","D","E")
> barplot(x, names.arg = coln)
```

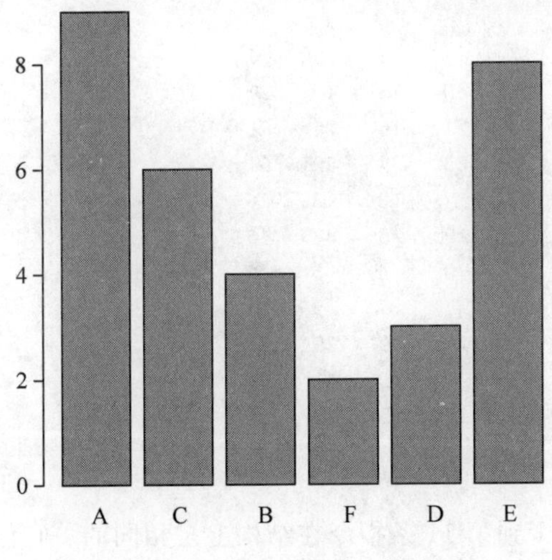

图 A.6　R 中条形图的一个例子

A.9　迭代

在需要多次重复一样的操作时，手动地将所有需要执行的命令按顺序逐一输入是不切实际的。向量化有时提供了处理这些情况的一种方法，但它并不总是可行或实际的。例如，当一次迭代的结果取决于先前的结果时，向量化通常是无用的。循环提供了处理迭代操作的灵活替代方案。

为了引出之所以需要循环的动因，考虑创建一个 10 行的矩阵，每行对应于由 6 个整数组成的序列，它们全部具有相同的起始值，但是，增量不同(第一行中后一列相对于前一列的增量为 4，第二行的列间增量则为 5，以此类推)。这可以通过以下代码来实现：

```
> A = matrix(0, nrow = 10, ncol = 6)
> A[1,] = seq(1, by = 4,  length = 6)
> A[2,] = seq(1, by = 5,  length = 6)
> A[3,] = seq(1, by = 12, length = 6)
> A[4,] = seq(1, by = 3,  length = 6)
> A[5,] = seq(1, by = 9,  length = 6)
> A[6,] = seq(1, by = 1,  length = 6)
> A[7,] = seq(1, by = 2,  length = 6)
> A[8,] = seq(1, by = 6,  length = 6)
> A[9,] = seq(1, by = 10, length = 6)
> A[10,] = seq(1, by = 8, length = 6)
```

```
> A
      [,1] [,2] [,3] [,4] [,5] [,6]
 [1,]    1    5    9   13   17   21
 [2,]    1    6   11   16   21   26
 [3,]    1   13   25   37   49   61
 [4,]    1    4    7   10   13   16
 [5,]    1   10   19   28   37   46
 [6,]    1    2    3    4    5    6
 [7,]    1    3    5    7    9   11
 [8,]    1    7   13   19   25   31
 [9,]    1   11   21   31   41   51
[10,]    1    9   17   25   33   41
```

请注意，第 2 到第 11 条指令在结构上是相同的。它们仅在两个特征上有所不同：行的索引增加，以及 by 参数的更改（这反映了序列中所需的增量）。for 循环可以完成相同的任务，而无须为矩阵的每一行编写一条单独的指令。for 循环可以重复固定次数的同一组指令，其语法格式如下：

```
for(counter in vector){
    block of instructions to be repeated
}
```

在 for 指令后面的括号内定义的 counter 是一个变量，它依次获取向量中包含的各个值。粗略地说，这是一个变量，它确定操作将被重复执行的次数。另一方面，位于圆括号后面的大括号内的是将要重复执行的一组指令，对于向量中的每个值，这组指令都会被执行一次。

以下代码使用一个 for 循环来完成之前的任务，即用不同的数字序列来填充矩阵的行：

```
> A = matrix(0, nrow = 10, ncol = 6)
> increments = c(4,5,12,3,9,1,2,6,10,8)
> for(i in 1:10){
+     A[i,] = seq(1, by = increments[i], length = 6)
+ }
> A
      [,1] [,2] [,3] [,4] [,5] [,6]
 [1,]    1    5    9   13   17   21
 [2,]    1    6   11   16   21   26
 [3,]    1   13   25   37   49   61
```

```
 [4,]    1    4    7   10   13   16
 [5,]    1   10   19   28   37   46
 [6,]    1    2    3    4    5    6
 [7,]    1    3    5    7    9   11
 [8,]    1    7   13   19   25   31
 [9,]    1   11   21   31   41   51
[10,]    1    9   17   25   33   41
```

一个循环的迭代可以取决于先前迭代所得的结果。例如，考虑计算斐波纳契序列的前 20 项[①]：

```
> n = 20
> fibon = c(1,1,rep(0,n - 2))
> for(i in 1:(n - 2)){
+      fibon[i + 2] = fibon[i + 1] + fibon[i]
+ }
> fibon

 [1]    1    1    2    3    5     8    13    21    34   55   89
[12]  144  233  377  610  987  1597  2584  4181  6765
```

while 循环是 for 循环的替代方法。此时，循环体并不会被执行固定的次数，while 循环将被无限地执行直到满足给定的条件为止。while 循环的语法规则为

```
while(condition){
    block of instructions to be repeated
}
```

可以用来替换占位符 condition 的表达式必须能够得出一个逻辑值（while 循环没有向量化）。和以前一样，放置在大括号之间的指令块将重复执行，直到满足条件为止。在每次迭代执行之前，与 while 循环相关的条件都会被检查。因此，如果条件在循环开始之前不满足，里面的指令就永远不会执行。

以下是一个使用 while 循环的例子。考虑下面这个问题：产生斐波那契数列中第一个大于 1000 的数字（从我们之前的例子中可以看出，这个值是 1597）。由于不一定知道需要计算多少项，于是使用 while 循环来

---

① 正如电视节目中所展示的那样，斐波纳契序列在许多电影中（包括《达芬奇密码》）都占有突出的地位。其中的每一项都是通过将其前面两项相加而得到的。递归的两个初始项都等于 1。

检查每次迭代后得到的斐波那契数列值，并在当前项大于1000时终止。

```
> termminus2 = 1
> termminus1 = 1
> term = termminus1 + termminus2
> while(term < = 1000){
+   termminus2 = termminus1
+   termminus1 = term
+   term = termminus1 + termminus2  + }
> term

[1] 1597
```

A.10 选择与分支

有时，可能会发现具体执行哪段不同的代码，取决于特定的条件是否得到满足。例如，可能想要根据另一个变量是正数还是负数来设置某个变量的值。if/else语句可以执行此功能，其语法规则如下：

```
if(condition){
    block of instructions if condition is TRUE
}else{
    block of instructions if condition is FALSE
}
```

与while循环一样，替换占位符condition的表达式必须能够得出一个逻辑值。系统会根据条件是TRUE还是FALSE，来选择执行顶部(或底部)的指令块。如果不包含else语句，则当条件为FALSE时不执行指令。

以下代码给出了一个条件执行的示例：

```
> x = 3
> if(x > 0){
+ y = 2 * x
+ }else{
+ y = x - 4
+ }
> y                         #x为正，因此只有第一个分支会被执行
[1] 6
```

if/else语句与for和while循环结合使用时特别有用。函数ifelse()

是 if/else 的向量化版本,但在本书中很少用到它。

A.11 其他注意事项

完成工作后,可以使用 Workspace 菜单中的“Save Workspace File…”选项保存所有工作。系统会弹出一个提示窗口,可以在该窗口中键入工作区的名称并选择存储它的位置。以后,若是要加载工作区,可以双击工作区文件或使用同在 Workspace 菜单中的“Load Workspace File…”选项。

R 的关键特征之一是它的可扩展性。许多开发者已经开发了以“包”形式分发的特定函数集。CRAN 网站提供了大量的软件包。在本书中,我们使用由扬斯敦州立大学 G. Jay Kern 开发的“prob”软件包。要安装软件包,可以使用 Package & Data 菜单中的 Package Installer 选项。或者,可以在命令行中使用 install. packages()函数。

```
> install.packages("prob")
```

无论哪种情况,都会在命令窗口中看到许多与安装相关的消息。在大多数情况下,可以忽略这些消息。一旦软件包安装完成,需要使用 library()函数在每个 R 会话开始时加载它:

```
> library("prob")
```

在使用其任何功能之前未能加载软件包是产生错误与混乱的一个常见原因。因此,请不要忘记在使用前加载所需的软件包!

图书资源支持

感谢您一直以来对清华大学出版社图书的支持和爱护。为了配合本书的使用，本书提供配套的资源，有需求的读者请扫描下方的“书圈”微信公众号二维码，图书专区下载，也可以拨打电话或发送电子邮件咨询。

如果您在使用本书的过程中遇到了什么问题，或者有相关图书出版计划，也您发邮件告诉我们，以便我们更好地为您服务。